U0141402

回完信做了很多雜事後
已經中午了，今天預定要做的事
都還沒做……

今天的業績還沒達到啊……
好想早點回家看電影……

景氣不好，看目前的績效，
感覺會被降薪。現在只剩下1個
小時可以努力了嗎……

你要好好休特休啊。

遠距工作效率低落的人要進公司上班。

會也開太久，
這樣就得把資料帶
回家做了。

要我自己訂目標，
結果最後還是
要配合公司的目標，
那我訂的目標
不就沒意義了嗎？

就是因為
我工作能力不好，
才這麼花時間吧。

光是預約拜訪，
半天就沒了。

就連週末
都得檢查數據。

每次都說「這份資料明天
給我」，結果認真做了之後
交件日期都會改變。

想要帶家人去旅行，
但這個業績
應該不能請假吧……

只要達標，
獎金也會增加。

要做出熱銷商品～

還差一件就能達到
今天的業績了。

沒想到現在還有
按計算機的工作，
但也只能硬著頭皮做了。

上次那個案件怎麼樣了啊？

肚子好餓啊～
原來已經下午兩點了。

不知道已經有幾年
沒認真做自己
有興趣的事了。

主管還沒
回辦公室，
沒辦法早早下班。

怎麼可能還能
再想出10個方案！

和下屬討論工作，
沒想到半天就過去了，
從現在得開始趕工了。

去幼兒園接孩子下課後，
把全部的家事都做完，
不知道能不能順利完成。

為什麼雜事
都做不完啊！

啊～
我又沒辦法出席聚會了，
他們一定會認為我是個
「難相處的人」。

又錯過
申請公款的時間，
不知道到底
累積了多少。

我很看好你
可以繼續往上爬。

總覺得只有工作愈來愈多。

上個月辭職的同事留下來的工作要接著做嗎？

眼睛模糊不清，看不清螢幕。

利率上升後，年薪再下降的話，貸款……

我是想到了這個，但不知道該什麼時候做。

處理客訴就花了3個小時，確定今天之內做不完了。

下單的時間那麼晚，還在那邊催促交貨的時間。

還能結婚嗎？

那個歐吉桑真沒用，不能和大家一樣好好工作嗎？害我又要幫他擦屁股……

怎麼又拖到禮拜五才回覆，這樣我不就得週末做了。

真想像那個人一樣，提高腦袋的基本功能。

寫日報不是工作，不是工作，不是工作……

我都做這麼多了，現在還要我做更多……

雙親最近常常生病，必須設法在公司提高業績，多賺一點錢。

這個禮拜的身體狀況一直都很不好，但如果請假，事情又做不完。

……奇怪？

我是為了什麼而活……？

1個小時
完成1天的工作

如果能夠實現這件事，人生會發生什麼樣的變化呢？

將能夠朝著原本想做，卻因為「沒有時間」而放棄的事情邁向一步。可以挑戰那些因為忙於日常工作而無法實現的點子，例如讓工作更有趣、更有效率。

如果過去總是加班或是週末把工作帶回家做，也許會因此閒得發慌。

不僅如此。

有時間為了家庭生計學習投資，或是花時間學習，取得有利於轉職的證照。如果公司允許兼職，還可以設立一人員工的公司，做起小本生意。當然也會有更多時間與家人一起度過、閒聊，甚至可以透過有興趣的NPO（非營利組織）做出社會貢獻。

閱讀濃縮前人想法的書籍，用來豐富人生也是不錯的選擇。

也有機會展開新的邂逅。

另外還能尋找適合十年、二十年、三十年後退休的工作。

當然，沒有什麼特別想做的事情時，用適當的方式來度過也無妨。

最重要的是，**早點結束工作，放鬆心情**。

舉例來說，若是花費十二個小時在睡眠、吃飯、做家事以及通勤上，每個平日就只剩下十二個小時。大部分的上班族會將其中的七到十個小時用於工作。假設一天花一小時就能完成工作，並取得一定的成果，大部分的煩惱自然會迎刃而解。

減少工作量所能獲得的遠不止這些。閱讀本書的過程中就會得知，即便不努力也能夠培養出更好的創造力。這種**創造性的技能不會被生成式ＡＩ取代。而且愈是使用就愈能使能力開花結果，整體的輸出品質會大幅提高**。也能夠自由利用這個技能提高工作效率，減少工作時間，培養新的能力，提高市場的價值。這項技能將成為你終生的財產，無人可以奪走。

盲目地以銷售額200%為目標，長期的意義是？

我花一個小時完成一天的工作。

當然我要討論的不是個人事業家或是投資家，而是在全世界九十多個國家，一千多個地區展開事業的全球風險管理。美國經濟雜誌《富比士》評選出的「世界最佳雇主前百大（Microsoft、IBM、Alphabet、Apple、Samsung等皆入列）」中，有八十五家是我的客戶，另外還有二百五十多個的各國政府以及政府機構。在日本則是住友商社、ANA、歐姆龍等代表日本各行各業的知名跨國企業也在利用這個服務。

其主要的業務是向隸屬於這類跨國企業，並且在國外工作的人提供醫療、保險等風險管理領域的服務。

我被分配到該公司的業務部，同事每週工作五天，每天工作十個小時左右，我用了他大約十分之一的時間，取得比他還要優秀的成果。

當我提到這件事時，一般人首先會懷疑「你說的是真的嗎？」，並對此感到羨慕不已。有些人還會接著問「你是怎麼做到的？」，還有人會表示「那應該要善用多餘的時間達到200％的銷售目標」。

各位是怎麼想的呢？

許多經營者喜歡員工在工作時間全力以赴地工作，以達到200％銷售額為目標，因為他們的首要課題是提高銷售額和利潤。對此，有一定數量會並且會專心於工作的「工蟻」或許會更加方便。畢竟有計畫地累積銷售額或利潤的人力愈多，就愈能夠輕易地達成目標。

然而有趣的是，生物學研究顯示，在觀察「工蟻」後發現有七成的工蟻「什麼事都沒做」。另外，進一步對巢穴內的螞蟻一一進行辨別並觀察後得知，甚至還有「不工作的螞蟻」。

其實在大規模偷懶的工蟻

據說這些「不工作的螞蟻」會舔自己的身體，在巢穴周圍遊蕩。有些似乎會去看其他螞蟻的房間，偶爾還會碰碰蟻后的觸鬚，幾乎不會做任何勞動行為，例如蒐集食物、照顧幼蟲和蟻后或是修補巢穴等。難道這些「不工作的螞蟻」只是單純的偷懶嗎？

構成社會的所有生物，其個體的特性會影響團體，進行合理的進化。在長達三十八億的生物歷史中，地球的環境並非一成不變。在雪災、颱風、火山爆發、地震、冰河時期和暖化期等無法預測的環境變化中生存下來的所有生物，都經歷了有意義的進化。

也就是說，一個集團（族群）裡有「不工作的螞蟻」，也是有意義的進化結果。一個每個人都會各司其職的集團，如果只做固定的工作效率當然會很高。然而，在一個瞬息萬變的環境中經營一個組織，就必須要有可以應付所有情況的「餘裕（冗員）」。

螞蟻族群在演化的過程中採用了低效率系統，包容大量工作能力不高的個體。為了在突發的環境變化中立即做出反應，因此「不工作的螞蟻」擁有了存在的必要性。

如果以螞蟻族群為基礎，來思考同一種生物組成的社會意義，將會發現如果只有整天都一心一意地工作的員工，將會失去適應環境的能力。在工作中適應環境的能力是指，能注意到微小的變化並適應即將面臨的劇烈變化。

也就是說，一個小時做完一天的工作，不只是為了自己的人生，還能為所屬公司進行危機應對的效果。

被世界知名的管理學者菲利普・科特勒譽為日本最優秀的行銷人——高岡浩三（前

圖1 有不工作的螞蟻，對變化的應對能力會更高

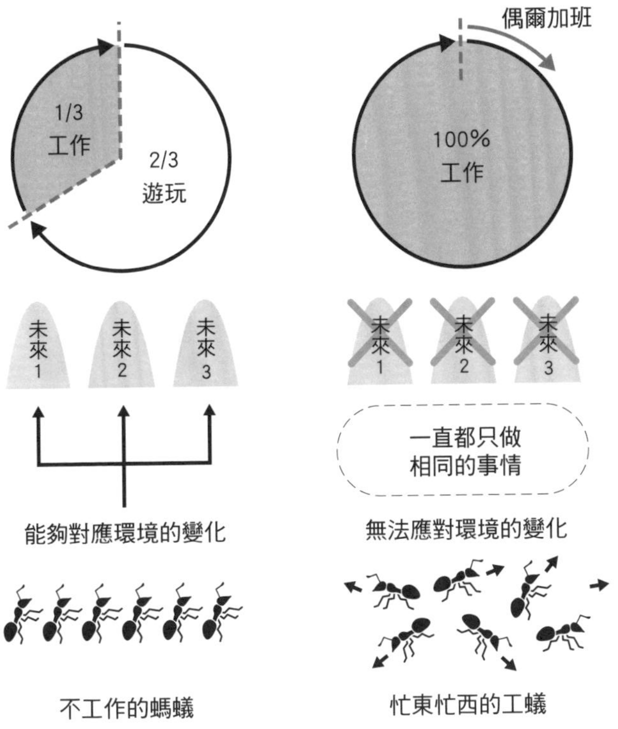

日本雀巢CEO）曾說過「思考時間是創意誕生的全部」。

一項為期一週，針對日本雀巢所有員工工作時間的研究調查顯示，花在思考上的時間只有占整個工作時間的6%到7%。換句話說，即使是較擅長創造出革新產品的雀巢員工，也有高達93%到94%的時間必須心無旁騖地專注於工作。

所以要怎麼在一個小時內完成一天的工作呢？一般來說，「減少工作」有以下的方法。

①釐清輕重緩急
②讓出權限（委託）
③改變習慣
④自動化、效率化

⑤擁有拒絕的勇氣
⑥休息和放鬆
⑦放棄工作（降低工作效率）

我所實踐的「減少工作」方法並不屬於以上任何一種。是更簡單、更順暢、更不費力的方法，也就是所謂的「小創意」。

我希望用不必努力、輕鬆簡單的方法來減少工作。

我相信無論是誰都曾有過這種念頭，而「小創意」正符合這個想法。尤其是像我這樣的懶人，沒有這個方法我根本無法工作。

以下舉一個「小創意」得到小小成功的案例。

有個孩子，在玄關脫完鞋子後總是把脫掉的鞋子亂丟。當媽媽再三提醒要把脫下來的鞋子收好，孩子卻當耳邊風。媽媽的心情自然會愈來愈煩躁。

讓亂丟鞋子的孩子搖身一變的「小創意」

有一次，媽媽用粉筆在玄關的地板上畫了與孩子鞋子吻合的腳印。於是，孩子開始自然地將鞋子整齊擺放在那個位置。孩子也許是很開心玄關有「屬於自己的地方」，或是覺得「沿著腳印擺放鞋子」這個遊戲很有趣。無論是什麼原因，之前老是被指責做不到的事，在這個瞬間獲得了稱讚。

另外對媽媽來說，不用再因為警告孩子而感到疲憊、煩躁，現在只要愉快地稱讚孩子把鞋子擺放好即可。

如果沒有「粉筆腳印」，孩子可能會一直遭到警告，但多虧了這個「小創意」，反而開始受到稱讚。而且養成擺好鞋子的習慣後，就不再需要腳印了，蠟筆畫的線條自然會消失。

每天都去確認鞋子有沒有擺好，沒有擺好就將它擺好，之後再跟孩子說一次重複的話。面對總是沒有成長的孩子而嘆氣，長時間下來，可能會對心理造成傷害，例如詛咒沒有教導能力的自己。然而這樣的日子其實只要用粉筆畫出腳印，再說一句「稱讚的話」就能夠變得舒適。

這就是「小創意」的威力。

接著來介紹其他例子。

沒有運動習慣的人，關節的活動範圍會變得狹窄，肌肉也會萎縮。不過，如果在生活中加入「不便」的事情，自然就能擴大活動範圍了。舉例來說，把牙刷和牙膏放在其他櫃子的高處。餐具也放在如果不能確實伸展身體，就無法拿到的地方。像這樣讓生活稍微不便，就能夠伸展肌肉。

有些人可能會覺得這只是歪理，但實際執行這個方法後，確實發揮出了效果。這個讓日常不便的「小創意」，拯救了阿波羅一號的三位太空飛行員。

在重力減弱的空間裡，重量沒有意義，因此很難進行肌肉鍛鍊。採納這個「小創意」，即使在狹窄的太空船裡，也能夠反覆伸展太空飛行員的肌肉。進而減少肌力在無重力下降低，使太空飛行員可以在月球漫步。提出這個想法的是運動醫學專家勞倫斯・莫爾豪斯。

只要稍微改變思考方式，世界就會有所變化

利用最少的力氣就能使事情好轉的想法，可以應用在各方面的事情上，而且一毛錢都不必花。就像用粉筆畫腳印一樣，有人可能會認為，要有使太空飛行員的日常生活不便的想法並非易事。

實際上，為了要產出這些「小創意」，就必須建立有系統的思考方式，我之所以能夠在一個小時完成一天的工作，就是使用其中的一部分。要全面了解必須花費許多時間，但若只是精隨，不用努力就能夠快速掌握。

本書以「減少工作」為題，簡單彙整了產生「小創意」的系統精隨。在使用的過程

中，體內沉睡的創意能力將開花並受到磨練。如此一來，最終會豐富你的人生，為公司帶來創新的點子。開創新的事業作為新的收益來源，也會為社會帶來變革。

從這些小嘗試中親身體驗並獲得的創造力，將會成為一個人無價的資產。

在本書中，我也將舉例說明如何使用生成ＡＩ，在實際的工作中產生「小創意」並提高其品質。**只要掌握ＡＩ和創造性的結合方法，就能連結ＡＩ和自己的進化**。也就是說，等待著你的是隨著ＡＩ而進化、不斷擴展的未來。

任何人都可以踏入與世紀天才相同的領域

產生「小創意」的精隨也是磨練創造能力的方法。所謂的天才都會下意識地做到這件事。

舉例來說，李奧納多・達文西相當有能力，他既是畫家，同時也是科學家、解剖學家、工程師。而在現代，伊隆・馬斯克在Paypal、X（Twitter）、SpaceX、Tesla等多種行業取得成功。

他們為什麼能在完全不同的領域裡取得無盡的成就呢？

那是因為，他們擁有對任何工作都有幫助的創造能力。

可能會有人覺得將李奧納多・達文西和伊隆・馬斯克相提並論感覺有點奇怪。不過，就運用創意能力而言，兩人的價值是一樣的。

無論是達文西的直升機構想（Air Screw）、特斯拉的電池管理系統（BMS），還是接下來要介紹的「小創意」，都一樣是從創造力產生出來的。

創造力並不是只賦予給人類貢獻或是技術創新的詞彙，而是賦予給所有試圖讓自己的人生、世界、地區、社會、服務、更好的人的詞彙。達文西、馬斯克還有你，純粹是面對的主題不同，在磨練和運用創造力方面都是相同的。

Contents

序章

何謂減少工作的「小創意」

第1章

使工作大幅減少的三個思考步驟

第2章 在溝通上添加小創意來「減少工作」

第3章 堅定「減少工作」的決心

第4章 將公司加入，擴大「減少工作」

三個步驟改革業務工作的結構

第5章 減少工作後的多餘時間用來「擴展人生」

第 1 章

使工作大幅減少的三個思考步驟

眼前的事情愈是忙得不可開交，愈應該做的事情是？

各位是否曾經有過這樣的經驗：從其他角度或是不同的時間軸，俯瞰觀察某件事情，並從中學習到一些之前沒有注意到的重要知識？經常聽到有人說「成為父母後才知道為人父母的心情」，正因為成長到可以俯瞰年幼的自己和父母的程度才會有這種感受。

從生下孩子開始，在經歷反覆擔心孩子的過程中，深切地體會到「當時父母是如何為自己著想」。然而，在孩提時代，人往往只在意自己的感受，很難站在父母的角度思考。從「三個砌磚工人」這個寓言故事可以輕易地理解所謂的視角變化。

故事的內容是，在詢問三個砌磚工人「你在做什麼呢？」時，會分別得到以下三個答案。

第一個人回答「看就知道了吧！我在砌磚。」

第二個人回答「我正在用磚頭造牆。」

第三個人回答「我正在用磚頭建造會遺留後世的大教堂。」

如果每天都在砌眼前的磚頭，就會像第一個砌磚工人一樣產生「砌磚是工作」的想法。但如果這位砌磚工人稍微從遠一點的地方觀察工作場所，就會發現自己是在砌磚造牆。若是將視角拉到好幾十公尺以外，會看到有許多砌磚工人正在建造大教堂。

像這樣「退一步思考」，便會發現砌磚工人的任務就是建造一座大教堂。在本書中，**將這種刻意拉開距離觀察某個目標，以釐清其使命的思考方法稱為「退一步思考」。**

聰明人的思考習慣①

「退一步思考」

利用「退一步思考」的方式可以推導出序章介紹的兩個小創意。用粉筆畫腳印這個小創意，是將孩子和母親的距離稍微拉開後，利用「退一步思考」所產生出的想法。

鞋子亂丟這個行為就孩子的認知來說並不是不好的行為，但對媽媽來說，亂丟是錯的，擺好鞋子才是正確的。

從道德禮儀上來說媽媽是正確的，但是「所以孩子應該要服從」的邏輯並不成立。因為孩子並不了解擺好鞋子是一種道德禮儀，即便媽媽可能已經多次正面宣導這是才是有禮貌的行為。

從媽媽的角度來看，若是無論如何都想要孩子聽話，有一種方法是責備、生氣等給予懲罰的方法，但同時也有一種方法是用稱讚來滿足孩子希望得到認可的欲望。

既然如此，那把鞋子擺好當作一個「愉快的遊戲」如何？

只要先在玄關畫上孩子的腳印，孩子可能就會想說那是把鞋子照形狀擺好的遊戲。即便父母什麼都沒說，只要孩子注意那是自己的腳印，就會產生好奇心。

幸運的是，在嘗試這個方法時，孩子會自然而然地把鞋子放在腳印上。之後利用反覆的讚美，便能幫助孩子養成此習慣。

大幅減少工作的「小創意」

相反地，如果沒有「退一步思考」會發生什麼事呢？

從這位媽媽的角度來看，可以採取在孩子擺好鞋子時獎勵他吃餅乾，或是與其他孩子比較等方法。或許孩子終究會養成擺好鞋子的習慣，不過畫腳印的方法會更快、更順利地達到目的，媽媽的心情也會愉快許多。而且用粉筆描繪後，筆跡會逐漸消散，只會留下良好的習慣。

▼為了讓孩子不要亂丟脫下來的鞋子，所節省的時間和勞力

before

只要不擺好鞋子就罵一次，假設每天1分鐘，一年大約360分鐘

▼360分鐘＋每天的壓力

after

稱讚。剛開始的一週每天稱讚1分鐘，一年10分鐘左右

▼10分鐘

←

節省的時間和勞力：350分鐘＋每天的壓力

退一步從在地球的角度，來思考在太空的飛行員。就如同實驗得到的結果，臥床休息一天，肌肉量會下降1％，假設待在重力低的狹小空間好幾天，肌肉就會退化。

於是就必須創造一個可以讓人運動的地方。然而，在極度狹小的太空船內很難達到

這一目的。因此，自然就會產生融合日常生活和運動的想法。

順帶一提，在阿波羅十一號中為了提高完成任務的準確度，還設計了另一個小創意。若是在狹窄的太空船中三個人發生爭執，一定會影響任務的執行，因此他們決定頻繁地從控制室向太空飛行員發出指示。

太空飛行員在收到指示時會咒罵「有本事他們自己來做啊」，如此控制室就會成為太空飛行員的共同敵人，有助於提高團隊合作的效率。

「結構化」可以大幅減少時間和勞力

相反地，如果從太空飛行員的角度來思考，因為在狹小空間，只能維持同一姿勢，肌肉自然會萎縮。他們在地球受訓時被耳提面命一定要經常活動身體，但要有意識地活動所有肌肉並非易事。

▼太空飛行員在太空船內節省下來的時間和勞力

before

忙到連運動器材都沒有，每天做30分鐘的肌肉鍛鍊（滯留時間八天）

▼**4個小時**

在太空船內發生爭執，四天一次，每次1個小時（滯留時間八天）

▼**2個小時＋壓力**

after

使生活產生不便

▼**0分鐘（生活即運動）**

控制室成為共同的敵人

▼**0分鐘（還可以促進團結提高完成任務的成功率）**

←

節省的時間和勞力：6個小時＋壓力

要像這樣實現減少工作的小創意，首先必須經歷「退一步思考」的階段。退一步思考的目的是釐清隱藏在困難背後的使命為何。在確定使命是「讓孩子養成良好習慣」，接下來就是思考達成目的的手段。例如「讓太空飛行員在月球上漫步」是使命，那下一步就是思考實現這使命的方法。

作為當事者要思考的不是眼前的問題，而是在物理上拉開距離的「退一步思考」，就如同砌磚工人的例子，如此一來更容易看清自己的使命。

如果使命不明確，就等於是在黑暗中開槍。不僅產生小創意的可能性會無限縮小，也會增加許多無謂的工作。

麥當勞是賺大錢的不動產業？

一般來說，只要退一步思考便能夠釐清使命。接下來以著名的麥當勞為例進行說明。

大部分在麥當勞消費的人都認為麥當勞是家賣漢堡的企業。不過，若是從經營的角度退一步思考，麥當勞便會成為不動產業。

麥當勞的直營店和連鎖店的比例在全世界是一比九，在日本則是三比七，可見絕大多數都是連鎖店。也就是說，在大部分的店舖中，麥當勞總部將取得預定開店的土地、建築物和設備，並簽訂租賃合約。

由於租金牽涉銷售額，如果店鋪經營順利，收益可望大幅高於不動產的成本。所以麥當勞藉由增加這類合約，創造出龐大的利潤。

若是退一步思考麥當勞的企業經營，就會得知麥當勞的整體設計是以經營為使命。就麥當勞來說，存在的意義是（Our Purpose）是「為每個地方的人帶來美味和笑容」，使命（Our Mission）是「無論何時何地，為每個人提供美味和舒適的瞬間」。

由此產生了為全世界的人帶來笑容的漢堡事業，以及在全世界交通方便處獲得店鋪，用不動產來保證事業的長久性，是個表裡如一的強大經營系統。

只要釐清使命，需要思考的事情自然就會減少，小創意會從經營系統產生，一步一步地改善經營情況。相反地，企業在確定使命後卻沒能產生出小創意，代表明確使命的人要不是放棄思考，就是缺乏思考能力，這樣的公司並不少。只要學會「退一步思考」這個方法，一定就會有無數個供你發揮長才的場合。

減少工作的第一步是「退一步思考」。

①退一步思考

②釐清使命

③找出達成目的的方法（小創意）

在這個過程中會產生出「減少工作」的機制。一旦習慣後，有時腦海中甚至會在一瞬間就想到達成目的的方法，這就是所謂的靈光一閃。不過，還是推薦按順序思考，尤其是在一開始的時候。反覆進行多次後，無論是誰都能夠處於輕易就能產生出小創意的狀態。

等待靈光乍現只是在浪費時間

我也是如此，不過有時候即便退一步思考，也無法立即釐清使命。遇到這種情況時，有一種方法是停止思考，去做其他事情。

如果不在第一步「退一步思考」時就確定使命，要產出有成效的小創意就會有所難度，因此在這一步花上較多時間是值得的。

像愛因斯坦和史蒂夫・賈伯斯等被稱為天才的人，有時也會突然想出令人感嘆的小創意。不過沒有人知道靈感何時會湧現，透過「退一步思考」來累積思考會更加可靠。

在這個步驟確定使命，便會更加靠近小創意。

改變視角就能更接近天才的思考模式

以下整理了「退一步思考」具體的實行方法。這個方法也可以用在會議等情況下打破僵局時，請務必多加活用。

①視角

如粉筆腳印、三個砌磚工人的例子所示，從物理方面將視角拉遠，就能夠俯瞰整體。就像在拍攝照片時，將相機的位置放遠一點可以增加拍進畫面的物體。在許多情況下，被忽略的重要事物往往就在其中。

②時間軸

如先前所述，就像是成為父母後才知道為人父母的心情。將時間軸從現在轉移到未來或過去，有助於讓人們從以前不曾考慮過的角度思考。

③比較

人類社會的情感和想法等要素複雜地交織在一起，如果原封不動地進行思考，便難以看到本質。如同序章介紹的工蟻例子所示，若是將人類社會與相對簡單的自然生物社會相比，會更容易發現需要找出的結構。

總結

利用「退一步思考」就能夠看到欲抵達的終點

聰明人的思考習慣②

「組合」

確認使命後，小創意的誕生機率會大幅提高。

那小創意會在什麼時候產生呢？有時候突然間就輕易地浮現在腦海中，有時即便每天都在思考，也完全沒有任何出現的徵兆，為什麼會這樣呢？

首先，在累積各式各樣的知識後，小創意會更容易產生。因為腦海中的知識會用與以往不同的方式「組合」（點與點的連接）。

舉例來說，莫爾豪斯是運動醫學專家，當然擁有豐富的肌肉相關知識。但是關於太空船的設計並不是莫爾豪斯的專業。而在獲得關於太空船設計的知識後，將這兩個知識「組合」，從而產生了使太空飛行員日常不便的想法。

奧地利經濟學家約瑟夫・熊彼得將以往未曾嘗試過的組合稱為「新組合」（New Combination）。另外，法國數學家兼物理學家亨利・龐加萊曾表示「創造性和獨創性是由兩種智慧結合產生的結果」。

《創新者的窘境》一書的作者克萊頓・克里斯坦森將創意定義為「將乍看下毫無關聯的事情進行結合的想法」。創意發想法方面的暢銷書《創意的生成》，該書的作者詹姆斯・韋伯・揚則說過「創意只不過是將現有的要素重新組合」。

只要畫線就能減少停車場事故

正如偉大的前人們所展示的那樣，小創意是組合現有的知識而產生的。如果莫爾豪斯只有肌肉知識，就無法產生出那種想法。那是將他的專業「肌肉知識」與在ＮＡＳＡ工作後獲得的「太空船設計知識」組合後得到的結果。

以下，讓我們來看一下停車格線條的插圖。

圖2　兩個停車場畫的停車格

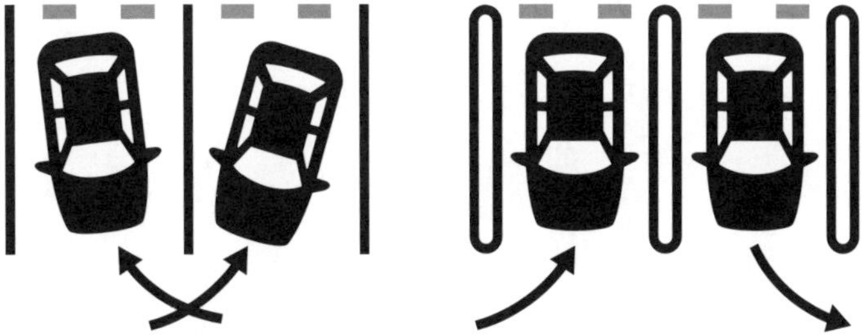
又細又長的線條，
車子難以停在正中央，
容易發生事故
停車格的線條畫成橢圓形，
為了停在正中間，
會與左右保持同樣的距離，
停車上更加容易

停車格的線有兩種畫法，一種是像圖中左邊一樣只有直線，一種是像右邊一樣的橢圓線條。比較兩者，會發現右邊的停車格更容易停在與兩側等距的位置，大幅降低碰撞事故的機率。因為對駕駛人來說，橢圓線比較容易停在停車格正中央，才會有這樣的線條。

應該有些人已經察覺這個例子似曾相識，沒錯，就是用粉筆描繪橢圓形的腳印。停車場的橢圓線條是為了避免在停車時停在橢圓線上，也就是說，這兩者的共同點是「以橢圓為基準」。

在知道用粉筆畫腳印這個小創意，就可以將之「組合」到停車場的設計中，進而提高產生出在停車場畫上橢圓線這個小創意的可能性。

反過來說，只要知道停車格畫橢圓線，能讓駕駛人更容易停在正中間的設計知識，便能夠與鞋子亂丟的兒童心理結合，增加想出用粉筆畫腳印這一小創意的可能性。

兒童心理學和停車格的設計，像這樣透過組合完全不同領域的知識（點對點連接），就會誕生出更多小創意。

在擁有廣泛的跨領域知識後，結合不同領域的知識便不難。

那要如何獲得這些知識呢？

有閱讀習慣的人可以選擇之前沒有接觸過的領域。若不擅長閱讀，活用有聲書也是不錯的方法。與朋友、同事、專家交流，也有機會獲得知識，不過與不同公司的人或工作夥伴，所得到的知識範圍會更大。亦或是參加社交網站的交流群組。有時間的話，觀看錄製好的教育節目和紀錄片也是一個好方法。

養成有疑問就查詢並獲得周邊知識的習慣，有助於加深知識。活用網路也是一個好方法，例如接收新聞通知等。

生成AI是沒有信用的「敵人」嗎？

希望大家務必記住，對自身專業以外的知識抱持著貪婪的欲望，對「組合」是非常有益的。

更何況現在還有一種獲得了所有知識，每天都在進化的生成AI。

有些人認為生成AI的回答有誤，知識還不夠豐富，不過請大家回想一下。

在網際網路時代的早期許多人覺得維基百科不可靠。然而，經過二十多年，在許多人不斷的更新下，維基百科的準確性已經大幅提高，尤其是英文版。這點從GAFAM等大型科技企業使用維基百科來查核事實可證明。

處於發展早期的生成AI每天都在進化。

當中存在著許多變數，例如使用規則、哪些可以學習哪些不可學習，以及可以獲得哪些權力和報酬，不過這些都不應單憑目前的條件來判斷。因此，在本書中，希望與這些爭議劃清界線，將生成AI定位在擴展創造力的工具。

智慧型手機和自動駕駛都是從「組合」中誕生的

本書中介紹的生成ＡＩ使用法，並不是人們一般經常會使用的方法，例如利用它搜尋關鍵字、翻譯摘要或是撰寫報告等做些蒐集資料的事情。生成ＡＩ也不是代替人類做一些簡單的工作，節省人事費用的工具。如果將其定位為「提高人類創造力的工具」，那麼生成ＡＩ的活用範圍將會擴大。

正如約瑟夫・熊彼得、亨利・龐加萊、克萊頓・克里斯坦森、詹姆斯・韋伯・揚所指出的，「創造力源自於既有知識的組合」。

在科技領域中也是如此，智慧型手機可以視為是電腦和電話的組合，或是電話和相機的組合。

要達到這一點，就必須對傳統的電腦、電話和相機的功能，和內部結構有一定的了解。畢竟如果缺乏這些知識，就難以想像出組合後的嶄新形態或實現的可能性。

結合汽車與電動馬達的油電混合動力車，以及結合雲端運算和人工智慧的自動駕駛也是「組合」各種知識才形成新的事物。

▼新事物是由「組合」形成的

汽車×電動馬達
▼油電混合動力車
雲端運算×人工智慧
▼自動駕駛

舉一個大家都身邊常見的例子，如果一個人完全不知道漢堡排跟漢堡包的製作方法，就無法組合漢堡排和漢堡包，做出美味的漢堡。

因此，必須將既有的概念當作知識。另一方面，豐富的知識不一定會帶來創意，必須要做到知識的「組合」。減少工作的第二步就是結合。

總結

首先是獲取知識，
並將知識進行「組合」

聰明人的思考習慣③

「嘗試」

若是只要「組合」，任何人都可以做到。應該有不少人會想說，既然如此，為什麼創意並沒有接二連三地出現在腦海中？這是因為新的組合有失敗的可能。

許多人並不認同的最大前提——失敗是成功的過程以及創造力的一部分。無論是誰都會害怕冒險失敗，因此難以習慣變換自如地「嘗試」新組合的過程。對失敗的恐懼，導致內心被「維持現狀」這個強烈的想法所束縛。

生存下來的人將一切都視為是「成功的過程」

未來能夠存活下來，是那些將「嘗試」化為血肉的一部分，並具備創造力的人才。

尤其是日本人普遍害怕失敗，能夠「嘗試」的人相當稀有，具有很高的價值。這是絕佳的機會，畢竟全世界的企業都想要能夠產出資產負債表裡沒有的方法，或是類似小創意等無形資產的人才。減少工作思考法的第三步「嘗試」，顯示了體驗的重要性。

是失敗王也是發明家的湯瑪斯・愛迪生

有些人托福考了超過八百分，卻不擅長說英文。似乎是因為在擁有知識後，產生了「要用正確的文法說話」、「說錯很丟臉」等想法，導致什麼話都說不出口。

相反地，也有即便分數不足四百分，卻能泰然自若地在國外做生意的人。就算能力很差、就算說錯也會嘗試用英文對話。這就與嬰兒開始說話的過程一樣，英文也是透過「嘗試」對話來掌握。

小時候開始學騎腳踏車時，幾乎沒有人能夠突然就學會。希望大家能夠回想一下，大部分的人都是在反覆失敗，多次嘗試後才學會騎腳踏車。

小創意是在「嘗試」加上「組合」的情況下產生的。在反覆嘗試的過程中，同時也在磨練腦中點與點連接的「組合迴路」。天才和成功人士即便失敗，也會從中獲取經驗，從而培養出對新事物的熱情和好奇心。

發明家湯瑪斯 愛迪生經歷好幾千次的失敗（嘗試）發明了燈泡。他還曾發下豪語表示「那不是失敗，只是找出一萬多種不會成功的方法」。換句話說，就連人類歷史上最偉大的發明家愛迪也必須要反覆進行「嘗試」跟「組合」。

本書的主題是「減少工作」。

因此，即便改變工作方式，沒有得到滿意的結果，也不過是自己的工作沒有減少罷了，不會對任何人造成困擾。這是個低風險且可以「嘗試」的領域。愈是「嘗試」，愈能磨練出產生出小創意的創造力。

當然不能只是盲目地行動，而是應該按照「退一步思考」、「組合」的步驟之後再「嘗試」，才是最有效率、最容易獲得成果的方式。

圖3　失敗為創造力的一部分

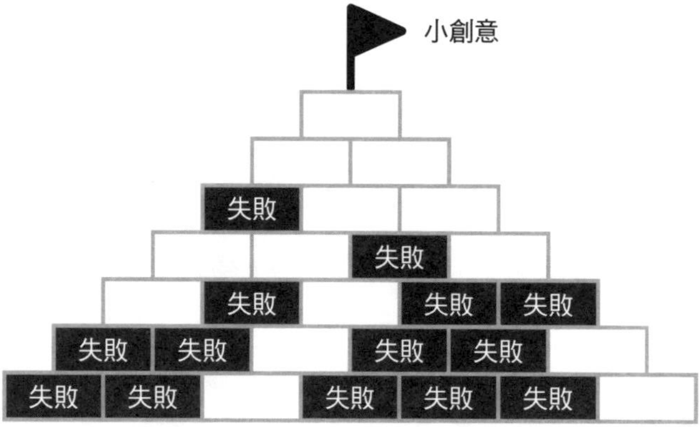

許多聰明人和成功人士會下意識地實踐退一步思考、組合、嘗試這三個方法中的任一個或是多個步驟。藉由串聯這三個步驟，無論是誰都可以窺見愛迪生等天才的境界。

我身邊的上班族中有不少人非常害怕失去當下的地位，完全無法承受發現新的銷售方式和服務所需負擔的風險。

在這種情況下，我有一位熟人最近推出了新的服務。從現階段來看，有很大的機率不會成功，不過就如同不可能一坐上腳踏車就會騎一樣，不嘗試就無法前進。將一切視為是創造力的一部分，在擁有各種經驗後學會不易失敗的方法。這是學校教育中不會教，但卻是人生中非常重要的事情之一。

「減少工作」的小挑戰會提高市場價值

「嘗試」是小創意中極其重要的過程。是否能夠做出嘗試的行為，對於員工來說，會產生心理上的差異。因為無法嘗試的人，在公司生存的同時會抱持著可能會失去立足之地的恐懼；而能夠嘗試的人則是可以選擇自己的人生並適應公司。為了踏出這一步，絕佳的目標就是「減少工作」。這不是不承認失敗，而是將嘗試的結果視為「實驗結果之一」。也許有很多人會想說「就算你這麼說，我還是很抗拒在工作中遇到失敗……」。

我有在家做飯的習慣。

料理就是嘗試的領域。在法式醬汁中添加日式醬油當作提味的組合，或是在日式料理中添加中式豆瓣醬的組合，有時會獲得更加美味的結果，有時卻會使料理變得難以下嚥。家人評價不好吃已經是家常便飯。愈是挑戰新料理愈會失敗，但也會成功。發現未知的美味所帶來的喜悅和訝異是下次挑戰的動力。

踏出一步的勇氣是改變人生的力量

在這個過程中，偶爾會得到家人的稱讚。透過經驗可以判斷出，什麼和什麼組合會得到成功的結果，成功率也會提高，便不會再害怕失敗的風險。隨著「想要嘗嘗沒吃過的味道！」的好奇心愈加強烈，開始想要吃吃看其他國家的料理，尋找正宗的味道，獲取他國文化和歷史的知識。這樣的經驗對於工作上的創造力也有很大的幫助。

「嘗試」的領域相當廣泛。

其中之一便是「減少工作」。

是否嘗試將決定培養創造力與否。當然，也可以在不讓他人看到自己的失敗，在不影響自身立場的範圍內進行「嘗試」。

總結

利用「嘗試」讓靈光一閃的想法進化成小創意

生成ＡＩ是會搶奪工作的敵人？還是減少工作的同伴？

若主旨是「減少工作」，應該有人會想說，到目前為止介紹的「退一步思考」、「組合」等思考的工作也能透過生成ＡＩ減少。

生成ＡＩ的構造是，讀取更為廣泛的書籍種類，和網路上所有的訊息，並以此為基礎「生成」新的事物。然而，相信大家很快就會發現生成ＡＩ並不擅長「組合」。

生成ＡＩ只會學習我們給予的數據，所以無法「組合」沒有學習過的數據。

各位應該知道，向生成AI提出疑問或發出指示的動作稱為「提示工程」。想讓生成AI在工作上派上用場，要像讓博學多才等待指令的下屬能夠順暢地發揮能力一樣，提出的問題和發出的指令（提示）。然而，無論在提示上下了多少功夫，也未必能夠引導出「組合」。

若是如此，那將生成AI當作獲取知識的工具如何？

也就是說，由人類負責進行「組合」，生成AI只要提供知識即可。有些人可能會覺得難以理解，以下將會更詳細地進行說明。

實際上AI分成兩種。

一種的目標是複製或是再現人類智慧的技術或系統，一般稱之為人工智慧（Artificial Intelligence）。

另一種的目標是補足跟擴展人類智慧的技術和方法，一般稱為擴增智慧

（圖4）**人工智慧（Artificial Intelligence）與擴增智慧（Augmented Intelligence）**

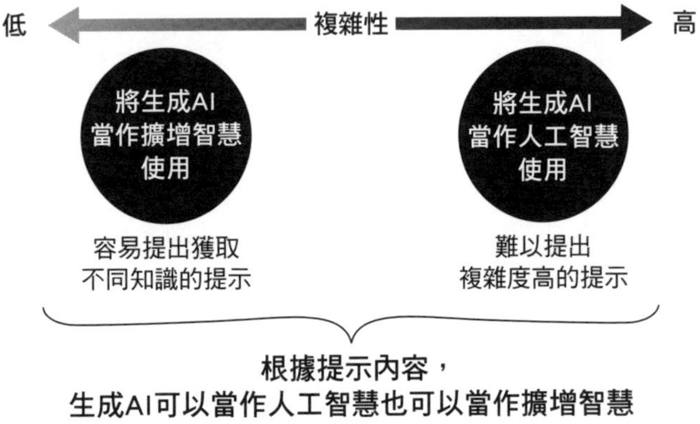

（Augmented Intelligence）。

生成AI具備了兩者的要素，既可以視為是人工智慧也可以看作是擴增智慧。因此，**根據使用者是追求知識還是追求創造力，提示也會有所不同**。

不過，生成AI的本質是人工智慧，照理說藉由「組合」不同的知識，總有一天會擁有創造力。然而，要設定引導出這一結果的提示相當困難，有時候甚至提示本身就必須具備創造力。

所以在現階段建議根據主題的複雜性，「組合」由人類來思考，生成AI則是作為獲取知識的工具（擴增智慧）。

以下整理了目前為止介紹的內容。

1 利用「退一步思考」看見本質
2 點子等創造力是從「組合」不同知識誕生的
3 大部分的人都害怕新的挑戰帶來的失敗
4 挑戰「減少工作」，就算失敗也不會造成任何的困擾
5 若是能夠「嘗試」自己在做的事情，創造力就會逐漸提高
6 生成AI比任何人都還要有知識
7 給予讓生成AI引導出「組合」的提示（人工智慧）
8 利用生成AI獲取知識，自己思考如何「組合」不同事物（擴增智慧）
9 重點是要「嘗試」引導出新的「組合」

最先遭到生成ＡＩ搶走工作的人與生存下來的人

如先前所述，比較人類和生成ＡＩ，後者擁有的知識更加豐富。

舉例來說，代表美國的醫療機構梅約診所（Mayo Clinic）提供的生成ＡＩ，與世界級法律數據服務企業律商聯訊（LexisNexis）提供的生成ＡＩ是支援醫生和律師工作的工具。然而，ＡＩ學習的專業知識量多到醫師和律師都望塵莫及，因此，ＡＩ當然有可能奪走他們的工作。

ＡＩ將能用於所有工作，如此一來，特定公司獨有的知識和技能（企業特定技能，firm-specific skill）首當其衝，會先失去意義。因為生成ＡＩ能夠瞬間與各企業獨有、日積月累的數據化知識連結（使用Lamalndex、LanoChain等）。

這也就代表老手累積的許多知識會成為標準，與新手之間的差距也會消失。

如果對此進行「退一步思考」可以得知，公司有些工作會提供固定操作範本和運作機制，而做這些工作的人將會最先失去立足之地。即便換工作，也無法維持過去的價值。

以棒球和足球為例，有不少選手在轉會後立即失去價值，可能是因為他們的能力過於適合轉會前的隊伍，沒有掌握通用的技能。

以前我錄取過一位曾在某個大企業工作的員工，因為我認為他應該很能幹。結果他每每遇到問題都只會說「以前的公司都是這麼做的」，完全無法做出應對的措施。換句話說，他具備的能力和技能只能在以前的公司使用。那是一家位於日本關西地區的跨國企業，那個人可能是以公司的名號維生吧。

像這樣只適用於某個企業的知識和技能，難以應用於其他公司。如果是在相同的產業，多少還可以活用，但仍有一定的限制。

不光是公司，這個道理也適用於其他方面。例如日本大學入學考試的基準偏差值，這一概念在美國大學就不適用。所以即便在日本的偏差值再高，也未必能進入美國的大學。

是否能夠確保自己的「位置」

之前已經提過，與比較螞蟻群體和公司組織一樣，和其他事物比較並將事情簡單化，進一步理解，本質就會顯現出來。以下要介紹的是，將公司員工與生成AI的關係和生物界進行比較。

熱帶草原的草食動物所吃的食物都不同，例如：斑馬吃草的尖端、牛羚吃草下面的莖和葉子、羚羊吃靠近地面較短的部分，而長頸鹿則是吃高處的葉子。

無論是什麼生物，透過分棲共生，每種生物都能擁有第一且唯一的「立足之地」。

這裡介紹的是，生物在激烈競爭下所形成的食物區隔。如果斑馬、牛羚、羚羊和長頸鹿都吃同一株草的同一部位，較弱的物種就無法生存。**無法共存，敗者就會離去，這在生態學上稱為競爭排除原則**。

接下來讓我們思考一下，生成ＡＩ與擁有只能用於特定公司的知識和技能的員工，是否可以跟熱帶草原上的草食生物一樣分棲共存，確保各自的「一席之地」。

根據競爭排除原則，這是不可能的。

應該會有人認為「生成ＡＩ不是生物，所以競爭排除原則並不成立」。在熱帶草原會根據吃什麼草木來分棲共存，而在公司則是根據負責的工作來分棲共存。例行性公事的制式流程，這個「一席之地」，毫無疑問會成為與生成ＡＩ爭奪的地方。

在公司這個熱帶草原，分成以下兩種存在。

A　獲得僅適用於該公司的知識和技巧的員工

B　獲得僅適用於該公司的知識和技巧的AI

根據競爭排除原則，A和B其中一個會被排除。擔心自己的工作會被生成AI奪走的人，應該會害怕成為A。

不過，A也有可能會進化成以下的C。

C　擁有熟練使用生成AI技能的員工

讓我們從技能類型的角度來思考此能力。相對於只適用於特定公司的知識和技能，有一種名為「可攜式技能」的技能，這是個不管做什麼工作、所處於什麼樣的職場，都可以帶著走而且能夠活用、通用性高的技能。

例如，紀錄在PPT上的公司產品知識及說明內容，是一種幾乎只能在該公司使用的知識。相反地，培養一個人的溝通等技能，則是在任何公司都能夠通用的技能。

同事在客戶說明會上大聲打呼的原因

我同事參加了客戶主辦的服務說明會，但聽了六十分鐘後撐不下去睡著，還發出響亮的打呼聲。之後收到那位客戶的投訴，他只好寫悔過書。

如果對此進行「退一步思考」，就會看到客戶的說明人員。顯然，說明人員只是朗讀了六十分鐘的資料。同事睡著固然有錯，但客戶的說明方式，別說是AI了就連閱讀軟體都能做到。那位說明人可能只具備那間公司能夠使用的「商品訊息」知識，以及「朗讀」這兩個如此平凡的技能。

有些人在類似的說明會上，既能讓聽眾留下深刻的印象，同時說明的內容又通俗易懂，引人入勝。這是一種演講能力，是適用於任何公司的可攜式技能。可攜式技能則可以強化只適用特定公司的知識和技能。

▼只適用特定公司的技能與可攜式技能

只適用特定公司的技能
說明的商品訊息▼任何人都能夠獲取（包括AＩ）

可攜式技能
讓人印象深刻，引人入勝的說明▼具有稀有性的價值如果能在單純的商品訊息（知識）中加入具體的使用例子，以淺顯易懂的方式呈現，聽眾就不會向睡魔投降，順利地聽完六十分鐘。

僅僅只是朗讀商品訊息，無法滿足聽眾的期待。

此差異產生於，僅適用於特定公司的知識，是否受到演講能力這一技能所強化。可以說，演講能力這個可攜式技能是「無論到哪間公司都能夠派上用場的技能」。

那些擁有能夠完成精彩演講的可攜式技能的人，因為知道自己的價值而充滿自信。

同理可證，

C　擁有熟練使用生成AI技能的員工，不會因為可能被排除而感到不安。

B　獲得僅適用於該公司的知識和技巧的AI，則可以做到分棲共存。

像這樣「退一步思考」便能得知，獲得熟練使用生成AI的可攜式技能有多麼必要。

可能有人會對此感到不安，有許多商務人士在網路急速普及的時候，既不知道什麼是郵件，又不知道什麼是首頁，什麼都不知道，擔心自己根本不會使用生成AI。

但是現在，即便不知道社交網站和Youtube影片的運作方法，也能夠透過智慧型手機每天使用這些軟體。

使生成AI成為強大同伴的唯一辦法

即便擔心生成AI會搶走自己的工作，在閱讀完本書後，就能夠意識到避免這種結果的方法。

本書主張的目的是「減少工作」，而不是因為生成AI擁有龐大的知識，就不需要閱讀或是用Google搜尋。為了達到目的，生成AI是在思考小創意時的一種獲取知識的手段。

圖5 遭生成 AI 驅逐的人與生存下來的人

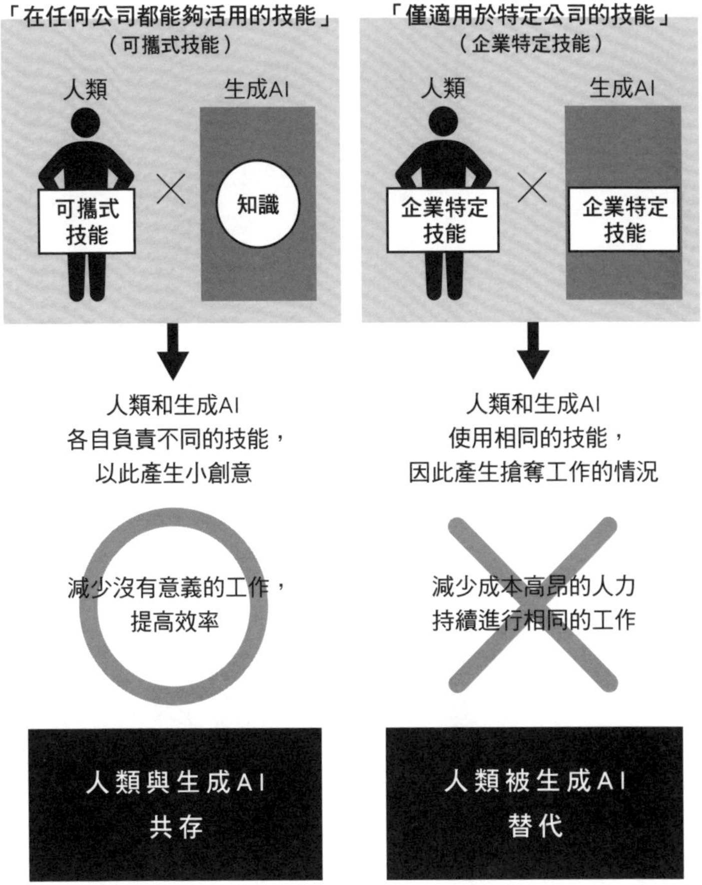
「在任何公司都能夠活用的技能」
（可攜式技能）
人類
生成AI
可攜式技能
知識
人類和生成AI
各自負責不同的技能，
以此產生小創意
減少沒有意義的工作，
提高效率
人類與生成AI
共存
「僅適用於特定公司的技能」
（企業特定技能）
人類
生成AI
企業特定技能
企業特定技能
人類和生成AI
使用相同的技能，
因此產生搶奪工作的情況
減少成本高昂的人力
持續進行相同的工作
人類被生成AI
替代

Coffee Break

在最小可行性中「嘗試」精實創業

在沒有多餘浪費的創業過程中產生出創意稱為「精實創業」。新事業的概念是從小規模開始，並盡快觀察成功與否。因此，目標並不是一開始就做出完美的產品或服務。

首先，用少量的資金創造最小可行性商品（Minimum Viable Product，MVP），在市場上反覆嘗試，參考客戶的回饋，使業務成長。

精實創業中的最小可行性商品，與靠組合產生的小創意，都是基於反覆嘗試使之成長的概念。

從幾個最小可行性商品的實例來看，也可以看出這點。

Uber和Airbnb都是在反覆「嘗試」中急速成長

Uber是一家提供載客車輛租賃及媒合共乘的分享型經濟服務的公司，起初是先開發利用位置訊息的原始軟體（「組合」汽車和位置訊息），讓一部分的用戶嘗試並給予回饋後，再向全世界推出服務。

推行民宿仲介事業的Airbnb，提出如果請專業攝影師來拍攝介紹住宿設施的照片，生意會更興隆的假設（個人不動產與專業照的「組合」），並實際執行（「嘗試」）這做法，請攝影師來拍攝創造最小可行性的商品。

據說預約人數增加了原本的兩到三倍。以該測試結果為基礎，最後採用了專業攝影師的拍攝服務。

任何為了減少工作想到的小創意，都應該跟精實創業中的最小可行性商品一樣，反覆嘗試並驗證成果。在這個過程中，就可以找出新的工作方式，不再局限於僅適用於特定公司的知識和技巧。

在擁有利用最小可行性商品「嘗試」的經驗後，面對工作超出特定公司的知識和技能時，就不會產生牴觸感。這是經營者求之不得的事情，畢竟從中誕生的小創意可是會替他賺取金錢。

為了減少工作而想出小創意的經驗，可以直接應用在最小可行性商品上。也就是說，獲得了在公司內創造小創意的可攜式技能。

第2章

在溝通上添加小創意來「減少工作」

排除因為「沒有順利傳達」增加工作的風險

熬夜準備資料，全力以赴地向客戶說明，結果卻沒有成功簽約。儘管熱情地說明了一個小時自家的產品和服務有多好，對方一句「聽不懂」就結束了這場說明會。條理分明，有邏輯地向主管說明一項提案，最後以遭到無視收場。

像這樣沒有傳達出想傳達的內容，無論想法有多棒，也不能在工作上取得成果。當然，小創意也是如此。

各位最好要有個認知：接收的人不會和發出訊息的人用同一個角度理解事情。也許對方滿腦子都是自己現在遇到的麻煩，也有可能是把國中、國小校長的演講和公司老闆的訓話當作義務在聽。從這個角度來看，溝通能力的重要度有時甚至超越要傳達的想法。

傳達，在所有工作中都是基本中的基本。不僅是報告、聯絡、討論，業務要向客戶傳達商品訊息、下屬要向主管傳達情況、主管要向下屬傳達指示，還有在會議上傳達自己的意見等，在工作的各個方面都需要這個能力。

在第二章中以業務向重要的客戶發表為主題，以實際的例子介紹發表的基本「傳達」。對經營階層發表、對股東發表、在會議發表、對員工發表、對客戶發表，無論是哪一種，關鍵都在於「傳達能力」。

這裡介紹的方法，即便對象不是客戶客戶也能達到相同的效果。也就是說，對業務以外的人也能夠派上用場，請各位務必付諸實踐。

1 將發表「退一步思考」

事不宜遲，現在就試著按照產生小創意的三步驟「退一步思考」、「組合」、「嘗試」來思考。

首先，請想像自己發表的樣子。地點是在會議室A，有兩位客戶方的負責人。發表用的PPT總共有六十頁，一分鐘說明一頁，六十分鐘就能夠結束，接下來則是進入提問環節。

發表結束後，在提問環節中也有討論相當深入的問題，所以這次的發表算是成功，然而，關鍵的交易卻毫無進展。

請試著在距離會議室A十公尺的高空上，退一步思考。

在發表和提問環節結束後，客戶方的兩位負責人應該會前往同樓層的會議室B，向主管報告發表內容。他們有沒有用跟你一樣熱情的態度，以通俗易懂的方式，花六十分鐘進行說明呢？答案是沒有。幾乎可以肯定，他們報告的是用自身想法總結的內容。如果他們報告的內容與你想傳達的不同，你發表的內容永遠都不會傳達給客戶的主管。

接下來，是到約二十公尺的上空退一步思考。可以看到正在召開董事會的董事室，主管在董事會報告下屬總結的內容，請求批准。總結的內容進一步簡化，已經看不到你一開始發表的重點。從發表的一方來看，這是一件令人毛骨悚然的事情，但這種事可能每天都在世界的某個地方發生。

熱情洋溢地發表確實有促進客戶個別判斷的效果。然而，在大部分的情況下，是否要進行交易是由特定的決策者或在會議等場合上做出決定。換句話說，除非你是直接向

圖6　將向客戶發表的內容「退一步思考」

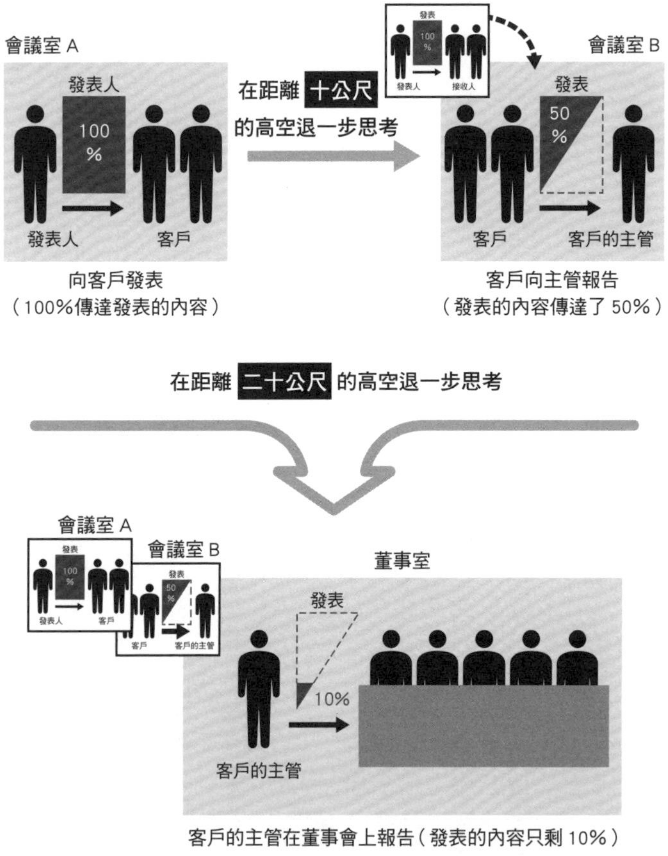

會議室 A
發表人
100 %
發表人
客戶
向客戶發表
（100%傳達發表的內容）
在距離 十公尺 的高空退一步思考
發表
100 %
發表人
接收人
會議室 B
發表
50 %
客戶
客戶的主管
客戶向主管報告
（發表的內容傳達了 50%）
在距離 二十公尺 的高空退一步思考
會議室 A
發表
100 %
發表人
客戶
會議室 B
發表
50 %
客戶
客戶的主管
董事室
發表
10%
客戶的主管
客戶的主管在董事會上報告（發表的內容只剩 10%）

決策者進行說明，否則，無論是花了好幾天準備的幾十頁的資料，還是熱烈地說明卓越之處，都只會被視為是一個令人遺憾的案子，因為發表的內容沒有預先設定成要傳達給與決策有關的人。

當發表沒有取得成功時，幾乎所有人都會把問題歸咎於發表的方式上。會努力思考下次要怎麼簡潔地總結更詳細的訊息，思考要如何說服眼前的人，制定對策，用比上次更為熱情的態度來強調。

遺憾的是，即便反覆這麼做，也不會對取得成果有所幫助。遇到這種情況時，試著從遠處俯視自己做這件工作的樣子和客戶，就好像是靈魂脫離身體一樣。如此一來，將有助於你看清以下的本質。

發表的使命是共享

利用「退一步思考」釐清發表的使命後，接下來就是思考小創意來實現這個目標。

發表必須讓直接聽到的人留下好印象，如果是業務就是決策者和會議參與者，企劃的話則是企劃會議的參與者。必須讓沒有聽你發表的人也能共享到正確的內容。

2 發表的「組合」

下一步就是踏上思考的旅程，尋找是否有知識可以拿來作為「組合」的參考。首先是在公司中尋找可以當作提示的範例。透過聊天等，詢問有沒有案例成功與發表對象外的人共享發表內容。

如果沒有任何人回應，許多人會就此放棄，但旅程其實才剛剛開始。

接下來試著將視角轉向其他公司。

一般很難接觸到「其他同行的公司和其他公司」的訊息。不過，只要「意識到必須要讓發表對象以外的人共享內容這一問題」，可能就會有意想不到的發現。

舉例來說，在觀看一部視角獨特、相當創新的電視劇時，各位是否會在意劇本是誰寫的？又是誰選角的呢？

以下請一起試著思考，在社群網站看到的新產品是誰的創意，以及這個人是如何說服公司採用這個創意。

寫在熱門商品企劃書上的十一個魔法文字

在瀏覽社群網站的時候，我才知道CASIO的G-SHOCK一開始的企劃書只有十一個字：「落としても壊れない時計（摔了也不會壞的手錶）」。也就是說，這十一個字如同魔法般，讓人們對尚未開發的G-SHOCK有清晰的印象。因為在企劃會議之前的董事會上，與會者透過這十一個字能夠清楚想像出新商品的模樣，並批准了這項提案。

可以搜尋或是找資料，但這裡要嘗試的是，直接了當地向生成ＡＩ提問「請舉出用一行的文字表現商品的例子？」。於是生成ＡＩ會舉一個又一個的例子。

「用手指觸碰就能做到所有操作的智慧型手機」Apple的iPhone

「不必隨身帶著書本的電子書閱讀器」Amazon的Kindle

「具備家用主機和掌機兩種功能的遊戲機」Nintendo的Nintendo Switch

「安裝最先進技術的無線吸塵器」Dyson的Dyson V15 Detect

「小體積、大容量的洗碗機」Panasonic的NP-TZ100

「兼具低耗油和行駛功能的小型車」豐田汽車的Corolla

有一個詞彙叫做「電梯簡報（Elevator Pitch）」。這是指在偶遇重要人物時，要在好比跟搭乘電梯一樣的短時間內，引起對方的注意，準確地傳達自己的想法和商業重點，讓他對自己的提案感興趣。

創業家會利用電梯簡報，從投資人的手中取得鉅額的投資。

例如，因為COVID-19在日本闖出名堂的Uber創辦人特拉維斯・卡拉尼克和加瑞特・坎普，在TechCrunch進行電梯簡報，獲得兩百五十萬美元的投資。Zoom的創辦人袁征在紅杉資本上進行電梯簡報，獲得一億美元的投資。

此外，**WeWork的創辦人亞當・紐曼和米格爾・麥凱維在軟銀集團進行電梯簡報，獲得一百億美元的投資**。先不論之後的經營狀況，這種發表能力令人震驚不已。這些真實例子，完全可以體現出電梯簡報的威力。

由此可知，無論是新產品的企劃書還是電梯簡報，長篇大論都不是好選擇，為了讓大家都能理解，必須要一句話說完重點。

利用「退一步思考」釐清發表的使命為共享。要達到這個目的，關鍵在於濃縮重點特色。這與傳統的做法正好相反，過去都會在發表的資料中增加頁數，充實、美化內容，再用充滿熱情的態度進行說明。

為發表帶來強大穿透力的武器

這裡要想出一個發表上的新穎小創意。資料的開頭和結尾必須要插入一句濃縮重點特色的話。如此一來，在會議室A向兩位客戶的負責人說明時會更輕鬆，也可以順利傳達給他們的主管，並且也能夠正確轉達給參加董事會的人。

將現有的發表資料與濃縮特色的一行字組合

為此，本來用來反覆將發表資料增減、修改得更簡單易懂的勞力，轉而用在活動大腦，絞盡腦汁地思考要如何用一句話來歸納產品的特色。這項工作在通勤搭車、吃飯、散步時都能同步進行，而且最後將之填寫在發表資料上的時間連五分鐘都不用。

3 在發表中「嘗試」

利用到目前為止介紹的過程「退一步思考」、「組合」，產生了一個小創意：結合既有的發表資料和歸納特色的一句話。接下來開始對這個小創意進行驗證。

馬上將這個小創意「嘗試」在其他客戶身上。向對方負責人強調濃縮產品特色的一句話，得到比以往更好的反響。

然而，依然沒有簽約成功。

好奇怪。

向負責人確認那句濃縮所有特色的一句話是否有傳達給董事會，得到了肯定的答覆。

公司沒有知識進行有效的「組合」，以產生這次的小創意（未驗證）。只好向同業的其他公司或其他行業尋求，由此找到濃縮產品特色的一句話這個知識的組合，並準確地傳達給對方的主管，結果卻不具備足以通過董事會的穿透力。

如果確實傳達給主管，那退一步思考確定使命這部分就沒有問題。既然如此，就應該回到「組合」重新「嘗試」。試著在其他公司或行業（同個業界或其他業界）的資訊中尋求知識。

想不到要給予生成ＡＩ什麼樣的提示，瀏覽社群網站也沒有任何啟發，遇到這種情況時可以去一趟書店。書店的資訊量當然比不上網路，但勝在來歷可疑的訊息比較少。除了知名作者的暢銷書和長銷書外，還有各種類型的書籍。根據當 下的問題，會不自覺地受到一些莫名好奇的書名和書腰吸引。

在書店閒晃的時候，發現店裡有一個區塊擺放著許多豐田汽車成功訣竅的書籍。看到其中有些關於「整理在一張紙」、「彙整在Ａ３紙」的書籍。站著閱讀這些書後發現不管是批准報告書、會議記錄、企劃提案書，還是會議資料等工作上的大小場面，都可用「一張」A3、A4紙做成的資料來應對。

書上還寫了，正因為豐田汽車在準確傳遞訊息、溝通、解決問題等方面有相應的對策，這家員工人數高達七萬人的大型企業才能夠榮登第一名寶座。於是決定立即買一本回家詳細拜讀。

「組合」時追加「彙整成一張紙」的條件

這時突然靈光一閃，決定試著將六十頁的PPT的內容整理在一張紙上。既不是生成AI、也不是社群網站，更不是Google搜尋。在書店閒晃的時候，想出將既有的發表內容濃縮成一張A3紙的點子。

組合並非只能一加一，也可以將多個知識組合。將早前濃縮成的一句話當作標題，並將六十頁的發表內容彙整在一張紙上。換句話說，結合CASIO的G-SHOCK企劃書成功的案例，與豐田汽車的批准報告書案例。在發表後，將這張紙的PDF檔傳給客戶負責人，如此應該更能將產品全貌傳達給其主管和董事會，大大增加通過的機率。

在其他客戶身上嘗試這個方法，結果依然沒有順利簽約。據負責人所言，主管清楚理解，在董事會上的報告也萬無一失。

到底為什麼會這樣呢？但不能就此放棄。不可以停止思考。

這次的小創意向同行其他公司或其他行業尋求了用來「組合」的知識。而且，還是日本一流企業豐田汽車的祕訣但效果並不理想。必須繼續「嘗試」。

接下來讓我們看一下「技術的歷史」。即便是現在已經習以為常的技術，在還不存在於世上的時代，應該也是費了一番功夫才獲得預算，也許可以從中找到知識和智慧。然而遺憾的是，並沒有找到有用的知識，於是思考的旅程轉向日本歷史、世界歷史等。

在翻閱中國歷史書時，突然映入眼簾的是「三人成虎」的典故。一個人問國王「如果我說市場出現老虎，您相信嗎？」，國王的答案是不相信。接著又問「那如果有兩個人這麼說，您相信嗎？」，答案依然是不相信。當那個人再度詢問「那如果是三個人這麼說呢？」時，國王回答「可能會相信」。也就是說，三個人說了相同的話，可以掌握到三個訊息差，因此人們輕易就會選擇相信。

本來想要立即準備從客戶那裡訪問到的正向意見，但只得到兩個公司的好評。要形成「三人成虎」還差一家公司。於是利用Ｚｏｏｍ等設備與熟識的客戶開會。最後總結為以下兩點，並以此形成三個「組合」。

1　當三個人都說好時，人會更願意相信這個訊息

2　採訪的公司中，有一家公司給予坦率直接的建議

組合①　利用CASIO的訣竅，濃縮成一行字的標題

組合②　學習豐田汽車的訣竅，將發表內容彙整在一張紙上

組合③　「三人成虎」的故事

之所以透過組合①和組合②應該傳達了發表內容，結果卻沒有得到董事會的同意，推測是因為中國歷史書中的「因為理論」發揮了作用。意思是在向他人傳達時，以「因為～所以」來表達，會促使對方做出決定。

這在別的客戶上也嘗試過。於是組合①和②與「這是因為」A公司、B公司、C公司採用的「原因」（因為理論）這三個組合結合，最後順利簽下合約。至此，姑且完成了「嘗試」的過程。

嘗試①　六十頁簡報資料，與發表的內容濃縮成一句話的訣竅組合而成的小創意ver.1
嘗試②　小創意ver.1加上豐田汽車濃縮成一頁的批准報告書做法進行組合後的ver.2
嘗試③　ver.2加上「因為理論」組合成ver.3

經過三次的組合，大幅加強傳達力。不用再為每位客戶製作大量資料，工作量成功減少。然而濃縮成標題和一張紙的量，這項工作隨時隨地都能進行。若成功除了能得到正向回饋，還能通用於每位客戶，既有效率又有效果。

▼在發表內容上「減少工作」的效果

before

製作好幾十頁的資料（3個小時）×每個客戶（共四十家客戶）
▼120個小時（成功簽約的機率低）

after

濃縮的一句標題和一張紙上的資料（思考如何彙整的時間2個小時）
▼一開始花2個小時（成功簽約的機率高）

←

減少工作和勞力　減少118小時的工作，成功簽約率上升

像這樣，透過「退一步思考」、「組合」、「嘗試」這三個方法加強傳達力，工作必然會大幅減少。

上述的例子中，在組合階段獲得知識的順序從自家公司擴大到「同業的其他公司和其他行業」，接著是從技術的歷史、日本歷史、世界歷史尋找。要找到適用於組合的知識並不是件簡單的事，建議從最近的地方依序找起。

為此，這裡介紹的素材，包括生成ＡＩ這種最簡單的方法，還有社群網站、書店閒逛（看書）、Google搜尋、過去從書本裡獲得的知識等。幾乎不用花太多的精力和成本。

要說有什麼必要的事，那就是尋找組合的意識。

隨著生成ＡＩ的演變，未來將會有更多，單靠生成ＡＩ就能找到的有效組合。不過最好不要侷限手段，可能某天在街上閒晃的時候，會體驗到一種靈感突然降靈的感覺。因為人類的大腦很優秀，會在無意識的領域隨意進行組合。

任何人都有可能產生出天才的靈光一閃

例如牛頓著名的軼事，以蘋果從樹上掉落為契機，促使地球引力定律的誕生。

據說在蘋果掉落的瞬間，牛頓不斷在思考的大腦下意識地組合伽利略的自由落體（降落速度和重量的關係）與克卜勒定律（行星運動的定律）。

順帶一提，牛頓故居的蘋果樹嫁接到日本東京的小石川植物園，至今仍會結出果實。

如同上述的組合①和組合②的情況，能在「同業其他公司或其他行業」中找到，可以說是相當幸運。若仍然找不到，不妨利用生成AI的提示和Google搜尋，在時間軸上深入挖掘技術的歷史、日本歷史、世界歷史等知識。如此一來，必定會在某處找到可以組合的知識。

圖7 「組合」的對象從身邊開始

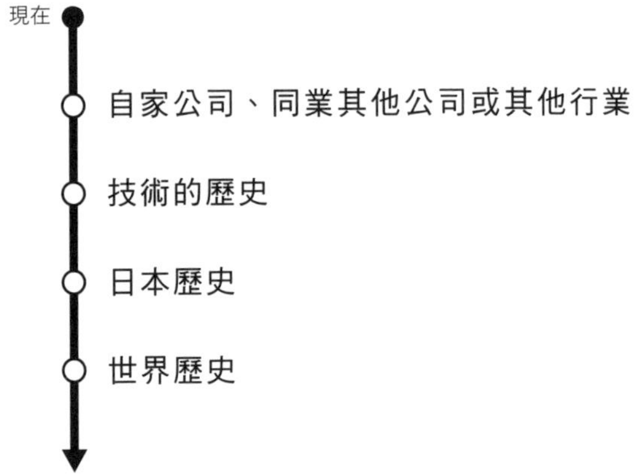

如上圖所示，從現在到過去依照「自家公司」→「同業其他公司或其他行業」→「技術的歷史」→「日本歷史」→「世界歷史」的順序尋找知識的過程有其果。

為什麼要從現在朝著過去尋找呢？原因可以參考猶太人的諺語。

「面向後方坐著搖櫓」

這句話的意思是，面向後方坐著（看著歷史）往前邁進（搖櫓），開拓未來（未來在歷史中）。此外，法國詩人保羅・瓦勒里留下了以下這句話。

「就像划著漂浮在湖面的小船一樣，人們朝著後方（以面向過去的姿勢）進入未來，映照在眼裡的盡是過去的風景，沒有人知道明天的景色。」

史蒂夫・賈伯斯在史丹佛大學的畢業典禮上發表的賀詞如下：

「往前看時你無法把點連起來。只有往後看時你才能連接它們，所以你必需相信點將在你的未來會以某種方式連接。」

連接過去的點和點，意思便是「組合」不同的事物。在賈伯斯的例子中，他在從大學退學後，混進課堂學到一種讓文字更美觀，叫做Calligraphy（裝飾印刷物的設計文字）的技術知識。於是他將過去由點狀文字組成的電腦文字與Calligraphy結合，創造了Mac的漂亮字體。

Coffee
Break

水平移動場所

本章介紹了從現在到過去的垂直搜尋知識的方法，但還有一種方法是將時間固定在當下，水平移動場所。

具體來說，搬家就是頗具效果的方式，據說本田宗一郎每次搬家都會想出新的發明，因為每換一個地方，就會帶來新的資訊。

出國旅行也是一個不錯的選擇，儘管只是暫時性的，不過可以了解其他國家的文化。若是移居國外，能夠結交文化背景不同的朋友，知識的範圍也會進一步擴大。自身知識的範圍終究僅止於出生到現在的人生經驗。然而，在其他人的腦海中，累積了許多從與自己完全不同的經歷中獲得的知識和資訊，因此接觸他人的想法其實相當重要。

移動場所會遇見，無論精神還是生活方式都與自己不同的人。從這點來說，與擁有不同背景的人交朋友，在進行小創意的「組合」上會更加容易。

「退一步思考」人生的困境

有些人因為像賈伯斯一樣中途從大學退學，有些公司員工則是因為在無意間換工作、退休、破產或是離婚等，導致不得不搬家。這其實是拓寬知識的機會。那時的經驗在短期內可能沒什麼幫助，但總有一天會成為用來結合（點與點的連接）的知識。

從這個角度來說，試圖誕生小創意的生活並沒有白費，因為挫折也是知識，會成為培養出小創意的營養。

許多被稱為天才或是被說很聰明的人之所以如此積極，也許是因為反覆經歷世人所說的挫折和失敗經驗，在將來多次讓人生出現轉機的過程中，細胞裡已經刻下「把一切都當成來之不易的經驗來活用」這一想法。

第 3 章

堅定「減少工作」的決心

對眼前的工作「退一步思考」時間的使用方式就會改變

各位是否有過這樣的經驗呢？事後想了想，發現自己做不做都沒什麼太大影響的工作，或是接受一份原本可以拒絕的工作，還因此加班。一點點也好，為了減少這種會令人後悔的時刻，在第三章中我想跟各位確認「減少工作」的前提。只要在此整理清楚，就能夠輕易區分不用太認真做的工作和必須全力以赴的工作。

想減少工作時，最重要的是如何看待時間。我們對時間的認知有兩種，一種是流逝四個小時的客觀時間，另一種是從偶然產生的時機獲得的「良機」。

以下就從我朋友的例子來思考這件事。

幾年前，有位朋友聯絡我，表示「有一家企業想收購我的公司，我想找你諮詢一下」。據說當下已經有三家候補企業，其中一家的負責人每週會來拜訪他一次，有一家則是已經具體提出好幾億日圓的收購價碼。

這三家企業看中的是一種檢測技術。據朋友所說，出售的檢測機器（專利為朋友個人所有）能夠大幅減少製造業現場需要花費大量人事費用的工程，既然能賣當然想賣個好價錢。因為該技術具有稀有性的價值，若是高價出售，就代表朋友可以優雅地度過他的餘生。

因此，我提議創業投資事業參與。如果是熟悉出售新創公司的他們，有機會高價出售這家公司。幸運的是，現在的資本是跟自家人募集的，專利則是由朋友持有，所以朋友之後也還能在公司服務。如此一來，創業投資在某種程度上可得到控制。

此外，我認為需要的創業投資並不是在會議上做出投資判斷的類型，而是由了解技術的個人單獨決定的類型比較好。如果投資決策是協議制，只會花費大量時間，而且存在無法判斷朋友技術的風險。最好是有一位能夠判斷技術價值的創業投資人，進一步培育公司並提升其價值。

我與一位著名的創業投資人約談，說明朋友的技術和所處的情況，對方立即表示有興趣。這並不令人意外，畢竟當時已經有三家打算收購的企業。我一邊衡量情況一邊進行交涉，描繪出高價出售的未來。我很擅長這種交涉，因為在我三十幾歲的時候，有過推進日本創業投資對以色列新創公司進行投資的經驗。

最終約好朋友和創業投資人的見面日期，以此進行最後的判斷，該案件就能夠順利結束。然而，在見面的前一天，朋友打電話來說想要取消。

據說是因為客戶糾紛。

就算老闆在那位客戶糾紛上出席一天，也做不了什麼。我告訴朋友此次的會面將成為「命運的十字路口」，以此逼迫他撤回取消的決定，但是他說了一句話。

「還會有別的機會。」

就我來說，我覺得我已經做了朋友拜託我做的事了，所以之後我就沒有再主動聯繫朋友。不過，在COVID-19的疫情開始趨緩時，時隔四年我再次接到了朋友的電話。

據說兩年前他遭遇一場交通事故，經歷了三個月坐輪椅的生活和三個月的復健後，總算能夠勉強工作。但由於COVID-19疫情，生意規模縮小。在沒辦法繼續支撐的情況下，他聯絡客戶準備收掉公司時，一樁併購案交易就此達成。據說他現在在被收購的公司裡有一張辦公桌，作為顧問每週去上班一天。

在聽他這段時間的經歷時，我確信當時與創業投資人見面是命運的十字路口。腦中頓時浮現，如果那個時候決定投資，是不是可以在對自己有利的立場實現併購案。

都說機會只有一次。

良機就是要在當下的時機抓住，之後想抓也抓不到。凡事都有時機，有時會因為工作忙碌導致過了好幾年後才知道那時候是「良機」。這個插曲讓我深切感受到**工作忙碌是最容易錯失良機的關鍵**。

客觀地考慮這一點後，朋友把握時間的方法只有二十四小時，並沒有察覺到因事件的巧合而產生的時機和良機。即便知道良機的存在，卻因為忙得不可開交，而沒有注意到幸運女神就在眼前。

各位在聽了我朋友的例子後，有什麼想法呢？

凡事都有定期，

尋找有時，失落有時；

保守有時，捨棄有時；

靜默有時，言語有時；

生有時。

（擷取自舊約聖經《傳道書》）

像這樣思考時間，會比較容易察覺到「良機」這個幸運女神的存在。「減少工作」的價值就在於此。

忙到錯過影響人生的良機，是毫無意義的忙碌。如果Uber、Zoom、Wellork都錯過了各自的良機，就不會有今日的成就。

選擇❶ 無論多忙碌都能夠抓住「良機」

選擇❷ 「減少工作」以提高獲取「良機」的機率

圖8　全面「退一步思考」工作的方法

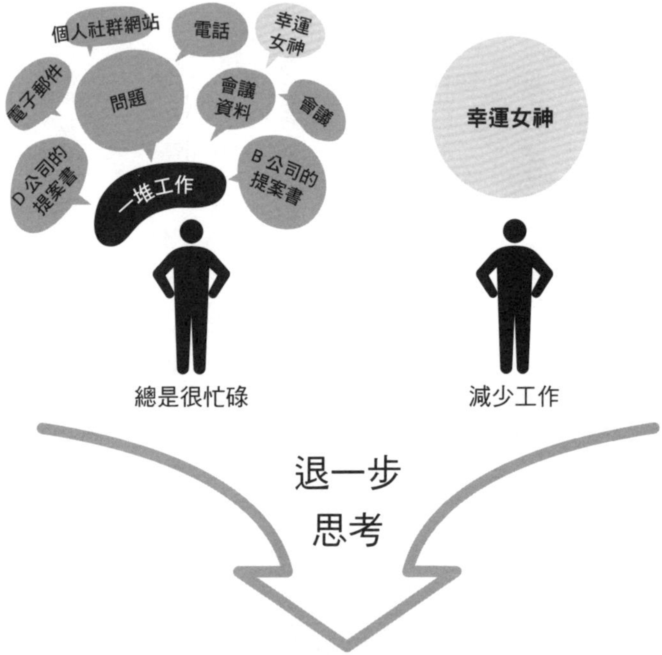

要選哪一個？

- **工作忙碌，就算良機出現在眼前也不會注意到**
- **減少工作後，不論何時都能夠注意到良機**

若是相信選擇①，無須繼續閱讀這本書，祝您好運。如果相信選擇②，本書就能派上用場，因為已經彙整好讓工作量大幅減少的方法。

快速拿出成果，增加自由的時間

接下來讓我們來聊聊關於應該減少的工作時間。所謂的工作時間，以白天工作的上班族來說，就是平日從早到晚的這段時間。在這種情況下，可支配的時間是二十四小時中除了睡眠、吃飯、工作（通勤）以外的自由時間。

這段自由時間（可支配的時間）是競爭激烈的紅海策略。哪怕只有一點點，人也會盡可能地讓這段時間更加充實，相當重視對於花費時間的滿意度。

但無論是誰一天都只有二十四小時，在這段時間內，除了自由時間外，睡眠和吃飯時間沒辦法大幅減少。如果因為減少這些時間而生病或是導致身體不適，那良機就不會來臨。尤其是一定要確保睡眠時間。如此一來，能夠大幅縮減的就只剩下工作時間。

連「退一步思考」都不做，按照指示將工作時間排在最高順位的人，人生會面臨很大的損失。因為工作時間才是充滿縮減可能性的藍海策略。

正如本書開頭所說的，我是每天只工作一小時的員工。

有些人認為，如果提早完成公司要求的工作，就應該在公司裡找工作來做。在自願這麼做的情況下，做出這樣的選擇也無妨。相反的，如果不想那麼做，就應該把工作提早完成這件事藏在心裡，將多餘的時間花在自己想做的事情上。當然，前提是能夠取得公司要求的成果。

你可以分清真心話和場面話嗎？

有一種名叫「員工敬業度（Employee Engagement）」的指標。這是指員工和公司之間的雙向聯繫，例如主動貢獻的欲望，以及對公司的忠誠度。就我來說，一天用一個小時完成工作後，並不想再做多餘的工作，員工敬業度相對較低，但比起敬業我更想珍惜自己的人生。

世界各國的員工敬業度又是如何呢？

IBM過去針對二十八個國家，隸屬於員工人數超過一百人的公司、團體的員工（全職工作）為對象進行員工敬業度的調查，調查人數大約三萬三千人。（參見IBM Software Technical Whitepaper「The many contexts of employee engagement」）

調查的具體項目有，想要為組織的成功做出貢獻的動機程度、為了達到組織的目標自行努力完成重要任務的意志強度等。

結果顯示，印度77％、丹麥67％、墨西哥63％、美國59％、中國57％、巴西55％、俄羅斯48％，英國、德國、法國等歐洲先進國家起碼也有超過40％，然而，日本竟然只有31%。這是一項有點時間的調查，現在的排名可能有所變動，但想必日本依然處於低名次的區域。

這個結果顯示，戳破了日本員工認為應該達到公司要求這個場面話，而且還透露出真心話，認為對公司做出貢獻沒有價值。

為了公司而努力的態度是建立在期待「努力得到回報」的基礎上，僅從員工自發的意志，很難產生出這樣的態度。

日本企業雇用的員工中，有31%的員工真心話和場面話一致，順利發揮出員工的能力。然而，這其實受到經營者的意志、管理者的能力等情緒部分很大的影響。

這裡想請各位思考一下，以下兩種態度你會選擇哪一個？

態度❶ 將真心話和場面話都奉獻給公司

態度❷ 分別思考真心話和場面話，得到場面話的成果選擇態度❶的人無須閱讀本書，把透過「減少工作」創造出來的時間用在公司必要的其他工作上吧！若是選擇態度❷，就應該要在短時間完成工作，達到成果，剩下的時間用來投資自己。

你的薪水由誰支付？

相信各位已經能夠針對「良機」、「真心話和場面話」整理好想法了。

以下是對某汽車品牌負責商品設計、製造、銷售、服務等所有工作的員工進行問卷調查的結果。

是什麼原因讓您主動想要滿足目標功能？

a）因為想要客人開心（18人，69%）
b）想要得到專家的好評（0人，0%）
c）因為是公司的重要方針（0人，0%）
d）為了回應主管的期待（0人，0%）
e）想要贏過競爭對手（5人，19%）
f）為了自我實現（0人，0%）
g）其他（3人，12%）

是什麼原因讓您想要達成目標成本？

a）想要推出品質好、價格低廉的產品（11人，42%）
b）想要對社會利益做出貢獻（6.5人，25%）
c）為了回應主管的期待（0人，0%）

d）想要比對手賣出更多汽車（0人，0%）

e）因為必須達成（6.5人，25%）

f）其他（2人，8%）

這裡說的目標功能是指耗油量的功能，即一公升的汽油能夠行駛的公里數，以及發生事故時保護乘客和行人的安全性功能等。目標成本是指汽車製造商參考市場價格和競爭車種的原價等設定製造成本。

該問卷調查是以豐田汽車的產品企劃部二十六位總工程師（CE）為對象進行的。或許各位會覺得問卷的參數很少，但豐田汽車的總工程師是指，一輛汽車從設計到製造、銷售、維修等全權負責的負責人。也就是說，**這是對Corolla、LEXUS、Prius等二十六種車型的負責人進行的問卷調查**。

豐田汽車的部長在工作時完全不在意主管

總工程師相當於部長職，所以他們的主管是老闆。但是從這份問卷中可以看出，無論是目標功能還是目標成本，都沒有人回答是「為了回應主管的期待」。換句話說，他們工作的時候並沒有顧及主管的臉色。他們反而將注意力放在客戶上，例如「因為想要客人開心（69%）」、「想要推出品質好，價格低廉的產品（42%）」。

豐田汽車是世界暢銷第一的汽車製造商，而且還是日本企業中獲利最高的公司。豐田汽車的利潤中，有九成以上都來自總工程師製造出的，達成目標成本的汽車。換言之，豐田汽車的利潤源泉誕生自總工程師。

從這份問卷調查的結果可以看出，總工程師覺得自己的薪資與其說是公司支付的不如說是從客戶那裡獲得的。

一般來說，人事評價是主管根據自己和下屬在年初所協定的目標來進行。因此，下屬往往會將目光投向負責評價自己的主管身上。如果主管的注意力是放在客戶上就算了，假設連他們都是看主管的臉色行事，從長遠來看會出現很大的問題。因為推出的不再是客戶想要、想使用的產品和服務。

公司對員工的評價分為三個等級：能力高（主管不想放走的人）、能力中等（評價普通）、能力低（連續幾年評價都很低的人）。三者的比例因公司而異，但平均是一比八比一或是零點五比八點五比一，由此可知，實際上能力中等的人數占比非常大。

除非是能力高或能力低的人，否則評價的結果就和大部分的人一樣，沒有太大的差異，也就是所謂的能力平凡。

據說，在員工人數一萬人的企業中，可能會成為主管或以上職位的人才只占1％。

「退一步思考」後得到的結論是，如果不覺得自己公司內的評價在前1％，就不會過於害怕公司的評價。

就像是豐田汽車的總工程師一樣，正面掌握客戶並為此工作的態度會反映在銷售的數字上，直接關係到企業的利潤。像這樣獲得客戶的肯定會讓他們感到莫大的喜悅，同時也會得到公司內部的認可。

不管怎麼說，工資都是從客戶那裡獲得的。

公司只是分配那筆錢而已。

這麼一想，就會為自己的工作感到自豪，無論是ＣＥＯ、部長還是普通員工，薪水都是客戶支付給商品和服務的回報。

所以各位如何看待自己的薪水呢？各位會選擇哪一種生活呢？

薪水❶ 薪水由公司支付

薪水❷ 薪水由客戶支付

圖9 針對薪水進行「退一步思考」

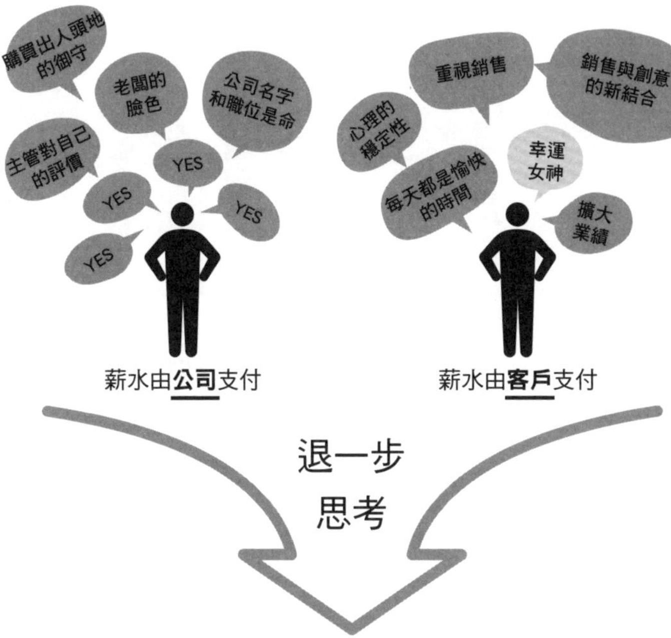

選哪一個？

- **熟讀處世之道的書籍，致力於公司內部的政治操作。**
- **具備以客戶為主體來思考的技能，每天工作都很愉快**

如果選擇薪水❶的人生，這本書無法成為參考，關於處世之道的書籍會更有幫助。
若是選擇薪水❷，那工作的時間將會成為愉快的時光。
經營者會更喜歡哪一種想法的員工呢？
高達八成的經營者都更喜歡薪水❷的員工。因為薪水❶的員工太多，組織就會變成見風轉舵的人所在的巢穴，形成只顧自己的人們內心嫉妒和怨念的漩渦。
當然，在這樣的組織裡不會產生出小創意。
工作時注視的對象，是左右人生的重要選擇。

你的手掌是拿來做什麼的？

接下來應該要考慮的是賺錢的系統。包括薪水在內，我們賺錢這件事是透過什麼樣的系統成立的呢？

據說大部分的猶太人都很富有，從他們對子女的教育，可以讓我們清楚了解到所謂的賺錢系統。

在以色列的小學集體教育中，有一項活動叫做「矮人的一週」。在這個活動中，孩子以抽籤的方式來互贈禮物，沒有人知道誰送了誰禮物。孩子一大早就來到學校，為了不讓收禮對象知道是誰送的禮物，會將手工製作等禮物放在收禮人的桌上。

特別的是，在矮人的一週開始前，老師會向孩子傳達以下這句話：

「從今天開始，你的手掌不僅是為了從他人那裡收到禮物，同時也是為了送他人禮物。」

小時候從他人那裡收到禮物會覺得很開心，但老師說，大人喜歡送他人禮物。也就是說，老師教導學生的是，大人與小孩的區別在於手掌功能的差異。

那公司可以給予客戶什麼呢？不管是產品還是服務，客戶都得為公司銷售的商品支付代價。換句話說，客戶對於公司給予的事物支付金錢。

若是把公司視為手掌，等於是將產品和服務放在手掌上交給客戶，以此收取金錢。公司組織裡的員工都在手掌中扮演一定的角色，有直接將產品和服務給予客戶的人，也有間接將產品和服務給予客戶的人。

手掌裡什麼都沒有的人賺不到錢

顯然我們在購買時，會用金錢來交換。換言之，正因為給予了什麼，才能賺到錢，如果不給予什麼，就賺不到錢。

因此，當離開公司或是到了退休年齡時，除非手掌上有什麼可以給予，要不然就沒辦法賺到錢。到了人類活一百年的時代，必須思考的是，如同猶太人的「矮人的一週」

所示，每個人都應該要有什麼可以給予他人。

如果那樣東西價值很高，那就不用為錢所困，但如果能夠給的只有勞動的時間，可以選擇的工作就會有所限制。

由此可知，不僅是特定公司適用的知識和技能，掌握可攜式技能的必要性也不可忽視。

請各位再次思考一下，你的手掌是屬於以下哪一種？

手掌❶ 你的手掌是為了獲得

手掌❷ 你的手掌是為了給予

選擇手掌❶的人，只對他人的給予有興趣，猶太人表示這不會讓他們成為有錢人。

希望選擇手掌❷的人，務必將「減少工作」所產生出的時間，花費在掌握能夠給予的可攜式技能上。當這個技能可以讓許多人感到快樂，得到的報酬就會與愉悅程度成正比。

Coffee Break

「PLAN B」與兩種類型的主管

如果說「按照吩咐行事，人生就等於結束」，那本書建議按照「退一步思考」、「組合」、「嘗試」這三個步驟來思考不聽命行事的方法。這代表要自己思考替代方案，不再按照他人指示的方法或傳統的做事方式。

各位是否知道英語會話中經常使用的用語「PLAN B」呢？PLAN B的意思是第二方案、後手，也就是指替代方案。

當一個人養成提出PLAN B的習慣，主管不是會覺得非常討厭，就是會非常喜歡這個人。舉例來說，如果向主管說「我的方法比那個更好」或是「如果要得到更顯著的效果，我的方法更好」等，主管會有什麼樣的反應呢？

主管❶ 直接生氣地表示「工作指示就是工作指示」

主管❷ 稱讚地表示「這個點子很棒，讓我們重新思考一直以來的做法」

主管的反應分為兩種。如果主管採取主管❶的態度，就代表他沒有接受PLAN B的度量，無論有多麼不合理，也只能按吩咐去做。若是主管❷，自己的能力會逐漸提高，也能對組織做出重大貢獻。像這樣，員工的人生會受到主管、主管的主管，以及最高管理階層的度量所左右。

Salesforce是現在於客戶關係管理市場占有率最高的公司，其資深副總裁彼得・

史瓦茲曾在全球石油能源公司殼牌裡擔任策略規劃團隊主管。以下以他當時的經歷為例，進一步思考。

史瓦茲在一九八三年向殼牌的經營階層提議研究蘇聯（俄羅斯）的未來。

但是經營階層認為在殼牌的業務中蘇聯並不重要。歐洲有一個非正式的協議，基於政治因素「向蘇聯開放的市場不超過35%」，因此判斷對殼牌原油和天然氣業務的影響並不大。

在這個階段，殼牌的經營階層是主管❶。

即便如此，史瓦茲還是繼續研究蘇聯。

眾所周知，蘇聯的原油和天然氣蘊藏量是世界最多，比殼牌在挪威北海遠洋水深三百公里處的油田還要巨大。而且蘇聯的天然氣可以用比挪威北海地區天然氣田更低的成本進行開採。

如果挪威北海地區的油田開發成功，將能向歐洲供應天然氣，但價格會比蘇聯來得高。如果不遵守「35%的非官方協議」，根本無法支撐這筆交易。

若是這樣，殼牌遲早會受到逼迫，為了以低成本，穩定的方式是在挪威北海地區的油田回收天然氣，決定架設價值六百萬美元的平台（當時最大的可移動建築物，以單一的機械來說，也是有史以來最昂貴的產品）。

史瓦茲預言冷戰結束

史瓦茲在持續的研究中認為「冷戰將會結束」。

冷戰結束後，蘇聯與北約（NATO）國家的關係就會好轉，35%的限制將會取消。殼牌為了提高挪威北海油田的競爭力，將被迫做出投下鉅額投資的決定。於是才會準備了PLAN B。

正如歷史所示，此後隨著蘇聯改革，冷戰結束了。

這時殼牌的管理階層立即轉變為主管❷，藉由史瓦茲準備的PLAN B，使公司能夠比競爭對手更快地做出重大投資決策。正因為如此，殼牌才能夠迅速地適應與蘇聯的價格戰。

由於當時取消了35%的限制，歐洲日益依賴俄羅斯的天然氣。結果因為俄烏戰爭，縮減了俄羅斯的天然氣供應量，從而導致能源成本異常暴漲。

順帶一提，史瓦茲預想了多個未來的情景，不只是PLAN B還準備PLAN C、D等各種對策。像這樣預測各種未來，以未來完成時的形式描繪情境，並準備應對方式的做法稱為「情景計劃」。

這是企業策略人和企業風險管理（ERM）必備的思考方式。

第 4 章

將公司加入，擴大「減少工作」

利用「退一步思考」業務相關人員的「減少工作」

小創意並不僅僅是為了減少個人和團隊的工作，當然也可以減少跨部門的工作。事實上，自己反而可以大幅減少工作量。

有許多人參與的Ｂ２Ｂ業務中有一種職位叫做銷售業務，以下將以我自己的親身經驗為例來介紹如何大量減少銷售業務的工作。我知道銷售業務會因行業和公司而有很大的差異，但如果要一個一個詳細介紹，數量會非常驚人，而且會因為太過抽象，讓人難以理解，因此我將之進行歸納。

將「減少工作」的對象分為行銷、開發業務、既有業務三種，並盡可能地避免受到行業和公司差異的影響。不過，若是不符合各位本身的工作，請務必利用「退一步思考」來應用這個結構。

連買方的視角都「退一步思考」

在業務工作中，是否可以認清每個人購買需求的不同，對於可否減少無謂工作會造成很大的影響。只要有產品就能賣出去的時代已經過去了，即便是相同的產品，如果不根據客戶改變銷售策略，就很難賣得出去。要想出適合客戶的銷售方法，首先必須要做的是了解對方。

然而，不知道是不是受到過去成功經驗的影響，每位業務負責人都有自己的銷售方式。我從未看過有哪位業務會根據客戶改變銷售策略。大概絕大多數的業務無論面對誰都一律採用相同的銷售方式。在進行思考三步驟之前，我想要先釐清該如何掌握銷售對象。

是在沙漠賣水的業務？還是賣沙的業務？

「是否會分析對方」是一個分水嶺，決定了一位業務是會做大量無謂的工作導致沒有休息時間，還是可以減少工作確保自己的時間。首先要思考的是，對方屬於以下哪一種類型。

- 了解產品和服務的特色
- 不了解產品和服務特色，但有疑問

・沒有意識到問題

根據這個分類，銷售方式會完全不同。

對於沒有意識到問題的人，無論多麼熱心地說明產品和服務，對方只會感到消化不良。在不知道部門或業務上存在著什麼問題的情況下，很難做出用有限的預算進行購買的決定。嘗試對這樣的客戶進行更通俗易懂的產品說明，也不會得到效果。首先應該要做的是，找出問題所在。

要想減少業務的工作，就必須根據銷售對象選擇最有效的銷售方式。那有什麼樣銷售方式呢？在詢問生成AI銷售業務有哪些種類後，我們得知B2B業務可以分成以下三種類型。

①產品導業務：銷售能夠看到的產品

筆電、伺服器等「有形的產品」有規格和價格，甚至還有實物，所以客戶對要購買的產品有清楚的認知，更容易做出購買的決定。在具備產品導向業務經驗的人中，有許多人擅長一邊說明產品和服務的功能。從極端的角度來看，會被電子商務取代的就是產品導向業務。

② **解決方案業務：銷售解決問題的方案**

這種業務是，針對客戶察覺到的問題，將自家公司的產品、服務以及在必要時「結合」其他公司的服務，提出解決方案。這項工作對擁有豐富的產品導向銷售經驗的人來說相當困難。因為即便同為業務，談論產品的優點與提出解決方案需要的技能完全不同。此外，在銷售無形的服務時，有時可能會出現雙方印象不同的情況。

③ **內勤業務：發現問題銷售解決方案**

發現客戶沒有察覺的觀點（潛在需求），提出解決方案的業務。在這裡，僅靠在特

圖10 業務數量與客戶數量呈反比

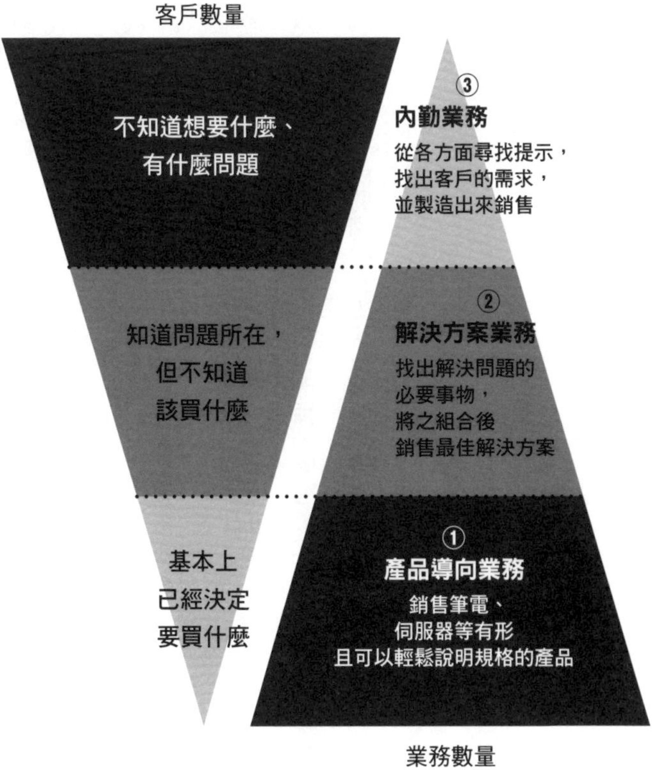

定公司才能活用的知識和技能，無法與之競爭。必須要利用深入思考客戶，發現連對方都沒有察覺到的真正需求等可攜式技能。

一般來說，產品導向業務往往會成為說明自家公司產品和服務的專家，也擅長與其他公司的產品和服務進行比較。與此業務購買商品的客戶，會縮小到只需要那樣產品的人。

解決方案業務會針對那些某種程度上了解自家公司問題的客戶，從詢問他們的問題開始。如果成功將自家公司的產品或服務應對在客戶的問題上，成交件數將會比產品導向業務還要多。因為他們有可能將產品和服務賣給原本認為沒有需求的客戶。

因此，有大量業務員工的企業正試圖藉由將釐清客戶問題的ＳＰＩＮ銷售法教給業務，以提高業務的能力。

ＳＰＩＮ銷售法是英國尼爾・拉克姆提倡的業務手法。ＳＰＩＮ取自Situation（掌握客戶的情況）、Problem（讓客戶察覺問題）、Implication（讓客戶了解問題的重要性）、Need-payoff（讓客戶想像出理想的狀態）這四個單字的首字母。

從這四個視角提問，可以更加確定客戶的需求，進行有效的業務活動。

在沒有意識到問題的人面前，解決方案業務無能為力

然而，要想人人都是解決方案業務（SPIN銷售法）的前提是，每位客戶都要意識到問題。

例如「對於新進人數，僅靠確保人數和員工訓練會阻礙公司的成長。因此必須要有發掘、錄取不同類型人才的系統」，如果有位客戶是人事部長，並抱持著這樣的問題，針對此問題提供解決方案，客戶會非常開心。假設是對沒有意識到問題的人事部長提議建立發掘、錄用不同人才系統，也只會讓對方不高興。沒有意識到問題，任何談話都是

對牛彈琴。

舉例來說，如果ＩＴ部門的負責人是透過人事輪調從會計部門調任過來的，那這個人應該很難創造出具有突破性的ＩＴ系統。畢竟他根本沒有該職務的知識，大概也不會意識到問題所在。**向沒有意識到問題的人詢問問題，不可能會得到答案。無論是用多麼成熟的SPIN銷售法提問，也不會有明確的答案。**

順帶一提，像這種類型的ＩＴ部門負責人，往往會搭上當下的熱潮。當下流行ＤＸ時，就會不假思索地推出ＤＸ項目，最後得到失敗的結果。當人們風靡ＡＩ時，就會推出ＡＩ項目並以失敗收場。遺憾的是在某些ＩＴ部門中，仍然存在著這種惡性循環。

解決方案業務並不適合像ＩＴ部長這種不知道問題所在的客戶。反而發現客戶不知道的問題，並提出解決方案的內勤業務在應對這種客戶時會得到顯著的效果。內勤業務展現出洞察力，成交的件數將會比解決方案業務更多。不過，公司很難將內勤業務當作知識或技能來培養，因為觀點的發現隸屬於創造力的領域。

思考客戶類型和自身業務類型的「減少工作」

像這樣分別對業務和客戶進行「退一步思考」，就會清楚得知，根據自己擅長的業務風格，要讓一些客戶願意購買並不容易。

如果自己是產品導向業務類型，對於知道問題所在但不知道需要什麼的客戶，即便多次熱情地推銷自家公司的產品，也很難說服客戶購買，更不用連問題意識都沒有的客戶。

挑戰難以匹配適合的產品，長時間都沒辦法做出決定的客戶這一不可能的任務是件好事。不過要想「減少工作」，放棄此客戶，去做其他客戶的生意，以較少的勞力提高業績的可能性會更高。

如果將以自己現在的業務風格，向那些長時間無法做出決定的客戶進行推銷的時間拿來用在「組合」和「嘗試」，以提升解決問題的能力或是發現客戶的觀點，將會比現在更容易贏得客戶的心。而且在客戶眼裡，還會從「強迫推銷的業務」轉變為「可靠的業務」，可謂是對雙方都有益。

這就是「減少工作」的樂趣。

Coffee Break

全球企業面臨的最大問題

正如先前所說的，我從事的工作是全球商務風險管理。

具體來說，我的工作是在跨國企業朝海外擴展時，為他們外派到國外的員工和出差者提供幫助，例如在他們生病或受傷時前往探病，或是遇到恐怖攻擊或天災時支援他們。以下要介紹的是在日本海外赴任制度中發現觀點的例子。對全球商務不感興趣的人可以跳過這個部分。

日本的海外赴任制度始於一九七〇年代第一次石油危機之後（通膨導致經濟不景氣，即所謂的停滯性通貨膨脹的環境下）。但是經過此次跨國的COVID-19疫情，幾乎所有的跨國企業都察覺到，這個制度有其局限性。

如同新聞所報導的內容，隨著COVID-19在印度和印尼等國家蔓延時，外派到國外的人不得不陸續回國，導致當地的業務停滯不前。當然，未來也還是會發生其他像COVID-19這樣的傳染病疫情。

再加上烏俄戰爭、臺灣出事、中國強化《反間諜法》、恐怖攻擊的威脅等，外派到國外的人被捲入事件的風險和不確定只會愈來愈高。

更何況，外派到國外的人逐漸高齡化，既往症和慢性病都令人擔心。另一方面，日本的年輕人愈來愈不願意外派到國外，甚至有愈來愈多人連護照都沒有。此外，**雖說是工作命令，若是勉強將人外派到國外，可能會導致有人因此產生心理上的問題，**

甚至是到了工傷的程度。再加上日本勞動人口下降的趨勢至今也沒有減緩的跡象。

可以說，僅靠日本外派到海外的人拓展全球業務已經達到極限。

這是日本跨國企業要面對的隱憂（觀點）。

在疫情的壟罩下，
ＩＴ界的業務仍然持續進行

在調查海外跨國外資企業如何看待這個問題時，發現以ＩＴ界為例，一般國外子公司不是從總公司外派人過去，而是由當地的總經理進行管理。他們熱情地拜訪客戶、蒐集意見，與總公司協商透過實施符合當地需求的策略來贏得客戶的信賴，以提高品質。因此即便是疫情，當地的事業也不會受到影響。

也就是說，完全在地化。

為了獲得其他知識，我調查了各種企業的案例，看到了一個研討會。

當大型汽車製造商負責海外勞動事務的負責人表示「目標是將外派到海外的人數降到零」後，雖然有程度上的差異，幾乎所有參與研討會的跨國企業海外勞動事務負責人也紛紛表示贊同。在另一個研討會上，負責該案例的職員表示，隨著在地化的發展，外派者只有美國和中國各一人，銷售額超過一億兆日圓。

媒體也曾報導過，一位女性經營者從習慣外派日本人去海外的制度轉為在地化（多樣性管理），讓當地人進行管理，並穩步取得成果（股價）。

也就是說，部分跨國企業已經意識到這已經不是個人見解，而是愈來愈顯著的問題，並採取行動解決。

風險和不確定性並不同。風險是指知道有可能發生的結果和機率，不確定性則是指無法預測的現象和影響。因此，說到外派到海外的人員和出差者的風險管理，會想到目前台灣出事的可能性。

從不確定性的觀點來看，會想到新病毒引起的疫情等。就跨國企業的風險管理而言，必須要事先準備好，當台灣出事時，如何讓外派到海外的人和出差者撤離受到影響的國家（台灣、中國）。

不過，只要將這些風險管理進行「退一步思考」就會知道，包括負責人在內，如果將在台灣和中國的業務交由當地人處理，不只是風險，即便是未知的病毒等不確定性高的問題，也很有可能保證事業不會停滯。

如果遇到在地化很難一步到位的情況，將外派到海外的人和當地的員工搭配，作為過渡期的策略也會得到不錯的效果。

在搭配合作的期間，若是能夠共享彼此的工作，就算外派人員在一年後回國，也能夠順利過渡到在地化的階段。

日本跨國企業必須要掌握在地化的訣竅

日本有高達一千家跨國企業。

其中有三百多家大型企業想要在地化，為此需要有人創造一個共享做法的系統（小創意）。如此一來，至今的海外赴任制度就會遭到創造性破壞，誕生名為在地化的新市場。這種產生出新穎、高效，同時淘汰過去低效率的方法，就是約瑟夫・熊彼得所謂的經濟發展。

這是日本跨國企業中的其中一個觀點，該營業活動為了讓客戶了解觀點，必須要使用與產品導向業務和解決方案業務完全不同的方法。

三個步驟改革業務工作的結構

從現在開始「退一步思考」以業務為中心的銷售組織，觀察各部門間的關係，試著思考「減少工作」的方法。由於這也是提高銷售組織整體成果的方法，這裡將提出管理領域具體的例子。

對於現在擔任管理職、以管理職為目標，或者向管理階層提出此必要性的人應該會很有幫助。

不過有一點必須注意。

我朋友閱讀了一本提高生產效率方法的書後對其印象深刻，於是連同這本書，在部門負責人兼副社長的桌子上放了一張紙條。可能是副社長很信任他，馬上就讀完那本書。

結果開啟了以那本書為基礎，提升整個組織生產效率的計畫，朋友被提拔為計劃負責人。

這是一次破例的大升遷，但朋友卻因此工作量增加，必須加班到深夜。

這是需要注意的地方。

藉由讓公司一起參與，使各部門的工作大幅提高效率，業績顯著提高。作為交換，即使工作變得忙碌也沒關係的人，請務必思考三個步驟是否適用於自己的公司，並有效地加以利用。

當然，不想做更多管理工作的人跳過這一部分也無妨。

步驟1

「退一步思考」銷售組織

為了「退一步思考」整個銷售組織，要整合行銷、開發業務和既有業務。

假設各位在一個耗費巨資的展示會上吸引一百位潛在客戶。那一百位客戶的身分魚龍混雜，有代表個人、有同業，也有一些單純好奇的人。

開發業務一一接觸了這一百位客戶，結果只有三位成為業務活動的潛在客戶。之後經歷半年的工作時間，終於簽下一個合約。業務和行銷負責人若想獲得十位新客戶，依照這個邏輯需要一千位潛在客戶。行銷需要花費成本，而且如果所有的開發業務都要投入工作，就會變得非常忙碌。若是能夠在行銷階段自動辨別是否為潛在客戶，開發業務的負擔將會大幅減少。

為此，利用IT技術達到流程自動化，是目前行銷界的趨勢。將每月訂閱費用從數萬日圓到數十萬不等的IT工具（行銷自動化工具等）以數十萬到數千萬元的程度來實施，同時利用顧問等，以便在培養潛在客戶的過程中進行篩選。

像這樣依照行銷→開發業務→既有業務的順序來思考，工作就會增加，人事費用也會提高。為了避免這種情況，一般會在IT工具上投入資金。

不是成本而是動腦筋「減少工作」

從這裡開始，終於來到「退一步思考」銷售的時候。

以下是單純的一問一答。

業務為什麼要銷售？

因為想銷售。

為什麼想要銷售？

因為能夠獲得獎勵。

那為什麼客戶要購買呢？

因為要使用購買的產品。

如果購買的產品派不上用場會怎麼樣呢？

客戶今後不會再購買或是退貨。

那如果使用後覺得有效果的話會怎麼樣呢？

客戶感到滿意，並隨之產生信賴感。

產生信賴後會怎麼樣呢？

很有可能會在同一家公司購買其他產品。

不是細分成行銷、開發業務、既有業務、客服中心後再思考，而是將這些視為銷售的一部分進行「退一步思考」。藉此就會發現行銷和業務工作的使命是「拜託人使用」。

隨著訂閱商業模式的普及，行銷和業務的使命不再是銷售一空而是「拜託人使用」這一想法，在今後將會愈來愈重要。

使命　拜託人使用

這裡是以B2B商業為對象進行考察，但在B2C商貿流通業取得成功的泛太平洋國際控股公司（唐吉軻德）抱持的經營理念也很值得參考，以下來介紹一下。

「第二條：建造一個購物場所，這裡不管在什麼時代，都會推出令人興奮、激動、極度便宜的商品」

該經營理念，將店鋪稱為「購物場所」而不是「賣場」，從客戶的角度來表現這一點相當有趣。

將賣場視為「購物場所」的逆向思考

自稱業務的人幾乎都有「業務＝銷售」的固有觀念。同樣地，開設B2C店鋪的商貿流通業則是有創造一個能夠銷售商品的「賣場」這一固有觀念。這套經營理念打破了這個想法。也就是說，不是賣場，而是設計「購物場所」，如此就能看到對消費者來說真正需要的產品以及期待的體驗是什麼。

「銷售的使命是拜託人使用」

這是透過「退一步思考」，將視角從以自己為中心轉移到以客戶為中心（去中心思考）而產生的思考方式。在序章介紹的粉筆腳印這一小創意也是同樣的思考方式，從媽媽的視角退一步，轉移到包含孩子感受的視角上。

唐吉軻德的「購物場所」這一想法與B2B商務為了「拜託人使用」的使命的根本是一樣的，即將視角移向客戶。成為工作的一方時，不知不覺間視角就會更靠近工作。養成「退一步思考」的習慣，輕易就能擺脫這個陷阱。

步驟2

在「拜託人使用」這一使命中尋找「組合」的知識

當對銷售這件事進行「退一步思考」後，會明顯地知道銷售的使命是「拜託人使用」。在步驟二中要開啟思考之旅，尋找是否有可以拿來「組合」的知識。首先是在公司內部找找有沒有線索。

在公司與同事聊天等時候，試著提問「銷售的使命是拜託人使用。為了拜託人使用，應該要怎麼銷售比較好？」結果沒有任何人回答這個問題，看來每天重複做著例行公事的人幾乎沒想過何謂工作的使命。這代表不用擔心同事會超越自己。要獲得這種安心感，就必須在公司內部進行確認。

公司裡找不到答案，就嘗試利用生成ＡＩ、社群網站、在書店閒逛、Google搜尋等找尋「同行其他公司或其他行業」的案例。

遺憾的是，這次無法從這些方法中找到任何可以用來「組合」的知識。當組合遲遲沒有進展時，我突然想起自己在其他公司減少工作的經驗。

過去的經驗當然也可以當作組合的對象。

那是一九九〇年代的事情。當時隨著網際網路的普及，每個人都夢想著在家裡就能購物的電子商務在未來成為一門大生意，於是許多網站應運而出。順帶一提，亞馬遜和樂天分別成立於一九九五年和一九九七年。

當時，我與豐田汽車的物流工程部門（現豐田自動織機豐田Ｌ＆Ｆ公司）的生產技術人員一起協助銷售豐田生產系統（ＴＰＳ）的部分。即先前提到的解決方案業務。

從切蔥花中獲得「減少工作」的點子

由於電子商務與物流倉儲有關，因此目標是在線上下單後的流程由豐田生產系統處理。該案例改善了某家全國連鎖餃子店的作業流程。

大蔥通常都是用膠帶綑綁出售。購買回來後放在砧板上剪斷膠帶，接著切成蔥花，拿來當作拉麵或其他料理的佐料。如果從在砧板上（後工序）反過來思考流程，就會知道，如果沒有購買用膠帶綑綁的大蔥，就能夠省略剪膠帶的步驟。出貨的農民也可以省去用膠帶綑綁的時間和精力。

從這個改善切蔥花流程的例子這一小創意可得知，店鋪和農民各別減少了一個工作步驟。

圖11 為了「減少工作」反向思考

改善切蔥花的流程

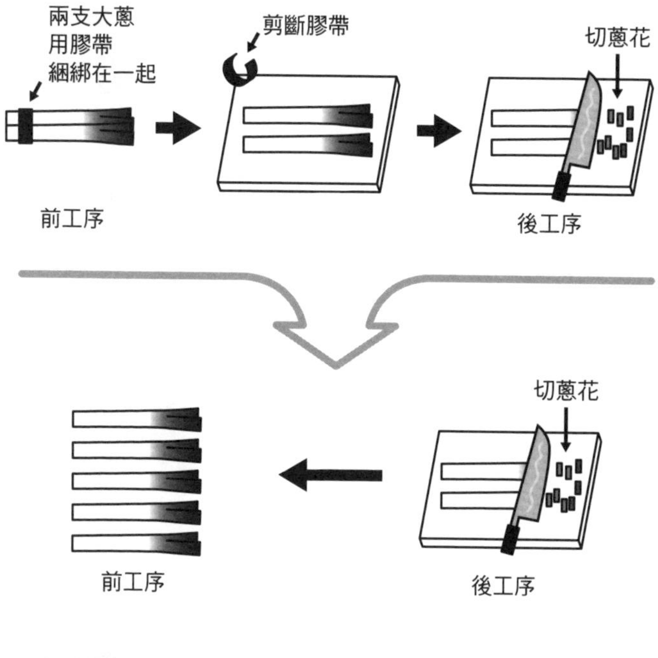

**從後工序思考，
會發現購買沒有用膠帶綑綁的大蔥，
就能夠省略剪膠帶的流程**

是否可以將切蔥花的流程和銷售結合呢？應該不少人都覺得兩者的領域相差太多，難以想像如何結合使用。

然而，在養成嘗試組合的習慣後，可能是因為腦迴路更容易相互連接，會經常想到要將不同知識組合。這個步驟不需要努力或是花費勞力。

在打算將大量的大蔥切成蔥花時，通常會發生什麼事呢？

首先是購買大量用膠帶綑綁成一束的大蔥。一開始要先剪斷膠帶，以便將大蔥放在砧板上快速切成蔥花。只需要重複這個作業流程即可完成。如果需要切十倍以上的量，就必須購入一臺可以自動化切蔥花的機器。

哎呀？各位是否有注意到什麼呢？

這與之前提到的，要將一百個潛在客戶增加到一百倍，也就是一千個潛在客戶時的關係圖是一樣的。為了將極有可能成交的潛在客戶轉交給業務，就必須要引進ＩＴ工具。由此發現了大蔥與行銷的共同點。

①購買大蔥　↓　招集潛在客戶
②剪斷膠帶
③切蔥花　↓　培養並縮小潛在客戶的範圍
④用於料理　↓　開發業務著手處理

列點比較之下，確實很相似。

以下用「④用於料理」這一角度來思考大蔥。大蔥是佐料，風味很重要，大量切成蔥花會失去風味。

在客戶高峰時段看情況多切幾支大蔥，其他時間則是每個小時切一支，以保留大蔥的風味。同樣的道理，如果讓潛在客戶等待的時間太長，他們也會改變想法。

與其一次將一百個潛在客戶名單交給業務，不如讓他們平均每天接待五個客戶，每月共接待一百個客戶（五乘於二十天），如此業務應該可以更仔細地處理每個潛在客戶。

從「④用於料理」這一後工序往前思考「③切蔥花」後，以風味來說，沒必要一次切大量的蔥花。從後工程中的「③切蔥花」來思考，會發現「②剪斷膠帶」這一流程毫無意義，因此，只要在「①購買沒有用膠帶綑綁的大蔥」就能夠減少工作。

人往往會按照以下的順序思考：「①購買大蔥」→「②剪斷膠帶」→「③切蔥花」→「④用於料理」結果導致切太多蔥花，使蔥花失去風味。

如果按照④→③→②→①逆向思考，就會知道②是多餘的作業，當然也就不需要購買自動切蔥花的機器。

在現今的行銷產業，許多案例都是按照「①招集潛在客戶」→「③培養並縮小潛在客戶的範圍」→「④開發業務著手處理」的順序在思考潛在客戶的資訊。從而陷入固有觀念：為了將大量潛在客戶轉移到開發業務手裡，必須使用ＩＴ工具來實現自動化。

就如同不需要自動切蔥花的機器一樣，開發業務追求的不在於數量，而是品質高的潛在客戶。

只要反過來思考就能輕鬆解決問題

藉由在數位行銷採用虛擬客戶形象（角色），縮小目標範圍。這時的想法與剛剛介紹的完全相同，縮小客戶形象的範圍，只將與之相符的優質潛在客戶轉交給開發業務。

此時用於網路廣告的行銷成本縮減為零，潛在客戶數量雖少，簽約件數的數量卻比以往高出五倍以上。光是有大量的潛在客戶並不夠，縮小潛在客戶的範圍，留下需求符合公司服務，有可能會購買的潛在客戶，如此就會得到減少多餘工作的效果，並帶來更好的成果。

這裡僅考慮銷售的流程，將其與切蔥花的流程進行比較，但若從潛在客戶的資訊來源順序思考，銷售流程會是行銷↓開發業務↓既有業務。

將實際工作流程反過來思考切蔥花的流程，就能夠「減少工作」。同樣地，將訊息來源的順序反過來思考，應該也有機會減少銷售的工作。換句話說，這就是「切蔥花的流程」和「銷售」的結合。

就像是切蔥花的過程一樣，從後工序反過來思考潛在客戶資訊來源的順序後，絕對可以「減少工作」。讓我們將這個小創意命名為「逆向思考」。

使命　拜託人使用

手段　逆向思考

這次的小創意並沒有使用生成ＡＩ，沒有從社群網站汲取靈感，沒有去書店閒晃，沒有使用搜尋系統。只是結合了全國連鎖餃子店的案例。是我自身過去的經歷引導出新結合的例子。

通常從事餃子生產的人都待在工廠，從沒去過店鋪；設計電子商務網站的人，從不去物流倉庫的揀貨現場；在物流倉庫的人不知道網路廣告的事。

但當連鎖餃子店在電子商務網站銷售餃子，網站、工廠、倉庫就必須根據訂單合作。這裡需要的是，那些做著自己沒辦法掌握的工作的人所擁有的智慧和知識。

就我的情況來說，我碰巧在擔任商貿流通業和連鎖餃子店的顧問工作中獲得知識，進而促使兩者結合。換言之，因為我有機會接觸到不同類型的工作，才會誕生出這次的結合。

由此可知，在同一家公司重複相同的工作，很難創造出新的組合。

據說在某個研究所有一種文化是不跟與自己同部門的人同桌吃午餐。藉此，他們可以向其他部門的人提出自己的意識到的問題，並獲得用來「組合」的知識。

重點在於，在公司裡也要盡可能地接觸不同的人。與同部門的人聚在一起共進午餐，就是在浪費難得磨練創造力的機會。

活用逆向思考這一小創意

為了釐清銷售流程，在此將獲得潛在客戶訊息的順序行銷↓開發業務↓既有業務反過來，以既有業務↓開發業務↓行銷的順序進行思考。

A 既有業務的流程

既有業務負責處理終端客戶。這裡的小創意是「逆向思考」，所以要試著從客戶的角度來思考既有業務。

銷售的使命是拜託人使用，所以既不是追加銷售（提出功能比客戶目前使用的更好的產品或服務），也不是交叉銷售（提出可與客戶購買的商品或服務一起使用的商品，從而增加客戶的消費額）。

首先要取得客戶的信任。

如果是使用上較複雜的服務或產品，既有業務必須思考如何確保他們使用方法正確。日本「技藝歷史」在這方面可能會有所幫助。

技藝是指美術、表演藝術、表演等技能和能力。在技藝的傳承中，有這麼一句話：「不要看師父，要看師父在看什麼」弟子顧著看師父，腦中就只會有自己的觀點。也就是說，他是以自己為標準來解釋、模仿師父的技藝。有許多傳統技藝就是因為這樣退化、變形、腐化和消亡。

為了防止這種情況發生，必須看師父的目光、師父的欲望、師父的情感，而不是看師父本身和師父的技藝。如此一來，就能正確掌握師父打算透過這個技藝實現的目的，從而使技藝傳承，不被時代的變遷所吞噬。也可以防止低劣的模仿。

隨著時代的變遷 改變本業概念的豐田

豐田集團的創始家族豐田家族的「一代一個產業」的歷史，也是持續關注隨著時代不斷變化的客戶觀點，例如第一代豐田佐吉的自動織布機、第二代豐田喜一郎的汽車、第三地豐田章一郎的住宅計畫、第四代豐田章男的造鎮計畫（Woven City）。如果只是做與上一代相同的事，那在當時創業的自動織布機市場萎縮時，豐田就會消失。一家經營數百年的老字號公司之所以會說出「傳統不是一成不變，而是會不斷地變化」這種話，想必是因為他們持續關注與時俱進的客戶。

B2B公司的業務總是將往來客戶視為客戶。但是，如果你的公司是一家零件製造商，客戶則是那購買由這些零件組裝完成之成品的人。正如技藝歷史所示，如果將公司的往來的客戶（購買零件的廠商）視為客戶，承包組織就會退化、變形、腐化和消亡。這樣的話，為了公司往來客戶的客戶順利使用，就必須告知什麼是必要的。

假設是藥品製造商的業務，一般會將溝通、購買藥物的醫師當作客戶，但其實客戶是患者。

如果是代理商業務，必須思考如何讓Ｂ２Ｂ２Ｃ終端客戶使用他們從公司來往客戶那裡購買的產品，並主動建立客戶社群（用戶群組等）。

如果既有業務清楚知道銷售的使命是「拜託人使用」，那追加銷售和交叉銷售能夠成立的前提是「讓客戶使用並使他們感到滿意」。一旦有這樣的認知，就無須進行不必要的銷售活動。

首先，應該要耐心、細心地採取鼓勵他人多加使用的策略。重點在於要讓「拜託人使用」這件事視覺化。例如，使用將使用的次數和時間當作指標（ＫＰＩ），就可以確認變化的過程（視覺化）。藉此找出原因，採取全面的對策，像是當客戶不再使用時，可以找出問題；當客戶使用頻率高時，則是掌握原因是什麼。

如果能將此當作例行公事（ＰＤＣＡ）一樣重複進行，終端客戶就會感到滿意。這麼一來，下一步無論是追加銷售還是交叉銷售都會更加順利。

因為已經獲得客戶的信任。

此外，由於既有業務的工作不是銷售而是拜託人使用產品，因此可以減少不必要的銷售活動，大幅減少工作量。就我來說，這代表既有業務部門的工作每天只需花費一個小時就能完成。而且利用服務的客戶滿意度也會顯著提高。於是公司在那位客戶企業內部的評價也會上升，在客戶企業內對於追加銷售、交叉銷售的申請也都順利通過。

換言之，讓客戶更願意購買。

方針　將「拜託人使用」「視覺化」

結果　身為企業的客戶更願意購買

這是一個顯而易見的結論。

當然，還有一種既有的銷售方式是，不斷銷售新產品，以賺取銷售時的手續費。在有許多產品導業務的組織中，這種方式仍然會受到讚揚和認可，而且即便只是在組織內，也能夠滿足認同需求。

另一方面，「拜託人使用」的業務並不是在推銷，因此不會立即提高業績。要持續努力好幾個月拜託人使用，才會慢慢地看到效果。不過，在一年之後，工作就會大幅減少，並創造出良好的銷售環境，讓客戶更願意購買。無論是訂閱模式還是銷售一空，從稍微長遠的角度來看，哪一個成效會更高呢？希望每位業務都要審慎地思考這一點。

舉一個各位都熟悉的例子，在影片串流這一巨大市場經營業務的Netflix和Hulu等也是，如果客戶認為沒有想看的影片，就會馬上取消訂閱。在瞭解這一點後，他們陸續收購影視公司，並著眼於全球市場，投下大量的預算，製作自家公司的戲劇。畢竟如果客戶不願意繼續使用，他們的生意就無法持續。

B 開發業務的流程

這裡的小創意是「逆向思考」，所以要試著用既有業務的角度思考開發業。

對既有業務而言，他們希望開發業務賣出的是極少量的商品。這是因為拜託客戶使用的範圍有限，如此客戶會比較願意使用，而且價格愈便宜，購買的人就愈多。這代表日後也會有更多追加銷售、交叉銷售的機會。如果開發業務賣出的是價格最高昂，配備齊全的商品，那就沒有追加銷售或交叉銷售的空間。

如果開發業務向許多客戶銷售配備最少的產品，那追加銷售或交叉銷售的機會就會大幅增加，既有業務的業績很有可能會暴漲。

讓我再進一步思考這個問題。

在簽訂合約之前，會多次接觸潛在客戶。接觸的方式有時是面對面，有時則是線上溝通。這裡有幾個問題。

- 小額和高額會影響簽約之前與客戶接觸的次數嗎？
- 接觸次數與決定是否簽約的時間長短有關嗎？
- 聯繫部門和負責人是否一樣？

假設A是一家有一萬名員工的公司，B則是只有一千名員工的公司。公司規模相差十倍，不代表審核流程需要花費十倍的時間。令人訝異的是，在客戶做出決定之前的接觸次數並沒有太大的差異。

根據是否有一個或多個部門參與商談來分開管理

接觸次數沒有變化的原因是，通常只與同一部門的同一個負責人見面，就能完成簽約。初次拜訪是為了確認預算、時程和競爭對手。下一次會與專家（Pre Sales）一起拜訪，透過發表和問答環節消除潛在客戶的疑慮。假設從最後審核到合約簽訂完成，則需要與同一位負責人聯繫三到四次。

即便銷售流程相同，當來自不同部門的負責人參與商談時，接觸的次數會大副增加，公司規模對垂直分化的組織之間的牆壁厚度帶來極大的影響。因為當涉及多個部門時，就必須與跨部門的高階主管接觸，商談的時間當然會變得漫長。

假設X業務本季銷售額達成率為80%，業務Y則是40%。即便他們是能力不分上下的業務，Y的到成交的時間也比X還要長。當一個人的達成率低，往往會抱持著必須簽約的決心，導致交易的完成時間遭到推遲。

由此可以得到以下的結論。

・接觸次數與企業規模無關。業務流程之所以會有差異，取決於接觸的負責人是同一部門的同一個人，還是不同部門多位聯絡人。這個管理應該分開

・強調成交率會拉長談判時間。如果不論成交與否，都對「成交件數」進行管理，每筆交易的談判週期將會縮短，就結果來說，整體成交件數也會提高

開發業務的方針可歸納為以下兩點

方針1　銷售極少量的商品和服務

↓更願意購買，購買後還會成為追加銷售和交叉銷售的潛在客戶

方針2　與同一位負責人進行談判時，要著重於「成交件數」而不是成交率

↓對方只有一位負責人時，談判時間再長，成交率也不會提高

↓面對多個部門的業務需要花費大量的時間，因此要分別管理

光是這兩點就能大幅減少開發業務的工作。尤其是以「成交件數」來思考銷售工作，工作量會明顯減少。若是以成交率為評估目標，往往會過度在意是否可以簽訂合約，導致做了許多無意義的工作。

方針　重視成交件數

將重點放在「成交件數」不僅能「減少工作」還有助於增加成交件數。

當潛在客戶不多時，商務會議就會變得非常冗長，往往會讓人誤以為製作不必要的發表資料等工作就是銷售活動。這是因為對業務來說，在商務會議上安慰自己可能會成

交會讓心裡更舒服。

只要「退一步思考」，就會發現這種安慰有多大的意義。

結算銷售額較前一年增長190％，創下全國最佳業績

以下介紹一個以「成交件數」進行管理，開發業務部門的業績大幅上升的例子。

這是關於大阪的一家豐田汽車經銷店的案例。一開始有許多隱藏的潛在客戶（他們稱之為熱門客戶），沒辦法立即接觸的例子。尤其是隨著業務使用ＩＴ工具（客戶關係管理）來管理後，開始出現未將其輸入系統的情況。

通常人都討厭被管。

開發業務之所以不把行銷部門開發的潛在客戶列入名單，是因為列入後就會收到管理及評估。如果管理指標是成交率，業務當然要為銷售情況不佳負起全部的責任。

圖12　管理「成交件數」提高業績

缺點 1　成交率低時，成交時間會延遲
缺點 2　潛在客戶少時商談時間會延長
缺點 3　隱藏潛在客戶
缺點 4　考慮沒有簽訂契約時的責任歸屬

↓

沒有意義的工作時間增加

優點 1　聯繫次數不變，商談週期縮短
優點 2　比較會確實報告潛在客戶
優點 3　業務能力提升
缺點 1　會把潛在客戶少當作藉口

↓

簽訂合約的件數增加

因此，該公司將管理指標從成交率改為「成交件數」。藉此轉換成防止拖延成交時間，從而逐漸縮短成交時間的方針。

於是透過掌握數字提高銷售技巧（溝通能力、產品知識、對客戶的了解、發表、談判能力等），並且下單數量（簽訂合約的數量）與「成交件數」之間的關聯也愈來愈緊密。

最後下單數量（簽訂合約的數量）比前一年增長190%，位居全國第一。不要想著銷售目標要超過100%，就能夠「減少工作」，如果做超過100%，工作就會增加，各位可以自由選擇要哪一種。

當每個業務都用「成交件數」而非成交率來競爭時，大多也會比較願意分享成功和失敗的原因等銷售技巧。

以「成交件數」當作開發業務的管理指標唯一的缺點是，業務可能會把潛在客戶不足當作藉口。為了避免這種情況，必須確保所需的潛在客戶數量。

C 行銷的流程

對行銷進行「逆向思考」，開發業務的「成交件數」就會成為一個重要的指標。開發業務以「成交件數」來管理，行銷的工作就會輕鬆許多，只要蒐集可能購買的潛在客戶數量。

在蒐集可能購買的潛在客戶數量時的瓶頸只有一個。

行銷和開發業務對於「可能購買的潛在客戶」的認知並不同。兩者往往會站在對立面，行銷認為「就算將潛在客戶列成表單，業務也不會跟進」，業務則是認為「行銷沒有給予令人滿意的潛在客戶」。

造成這一瓶頸的原因是數位行銷工具的存在造成很大的影響。工具通常會將資訊數據化，例如，每隔固定時間更新訪問網站的人次、電子郵件的連結點擊率等。並將其定義為B2B業務中「銷售準確率高的潛在客戶」。

當業務根據這些數據聯絡客戶時，他們可能不是理想的潛在客戶，或是因為對方太忙而聯繫不上，從而在行銷和業務之間造成裂痕。然而，這只是表面上的問題，從根本上的問題來說，當業務決定跟進潛在客戶時，就必須對是否成功簽約負責，如果這個責任是基於自己的判斷而產生，那也沒辦法，但若不是，那這就是「被迫承擔責任」。

最大的瓶頸在於誰要承擔潛在客戶是否簽約的責任

京都一家做控制設備的跨國企業解決了這個問題。他們在行銷部門設立了一個簡單的電話團隊，他們的工作不是打電話到公司外，而是負責在公司內撥打確認電話。

雖說是個簡單的電話團隊，但並沒有呼叫中心那麼誇張，只是聚集了一定年齡的兼職人員組成的小型組織。

其目的在於溫和且仔細地與每位負責業務確認，是否有跟進行銷部門蒐集的潛在客戶。當然，這項功能可以放在開發業務部門而不是行銷部門。

在儒教文化的國家，許多人很難拒絕老年人的要求。利用這一通電話，立即確認業務是否聯繫潛在客戶。如果開發業務是根據「成交件數」來管理，那引導潛在客戶簽訂合約的業務責任就會消失。

也可付錢給顧問設計複雜的方案，或是安裝ＩＴ系統，但有時候人類的情感問題由人類來處理會更容易解決。

像這樣排除瓶頸後，行銷的流程就只剩下一個方針。

方針　每季開發並培養ＸＸＸ個可能購買的潛在客戶

整個行銷流程可以歸納為這個目的。根據公司的規模，廣宣部門可能兼任行銷的角色，相反地，也有行銷部門負責發送廣宣訊息。就如同有人說行銷＝業務，行銷是創造客戶的重要手段。

如果「成交件數」是開發業務的重要指標，那行銷每季要開發並培養ＸＸＸ個可能購買的潛在客戶，並與開發業務分享這些訊息。

行銷是做雜事的職務嗎？

一旦有明確的目標，即每季開發並培養XXX個可能購買的潛在客戶，並與開發業務分享，要做的事情就是制定縝密的計畫，以確保完成每一項行銷策略，並達成每季XXX個客戶的目標。

當行銷的工作變成負責發送公司訊息等「雜事」時，那就會成為做一些計畫外工作的存在，工作量也會因其他部門的要求而增加。

因此，行銷部門要「減少工作」，重點在於必須確認工作方針，例如每季開發XXX個可能購買的潛在客戶並與開發業務共享。

接著只要有計畫地將手段列入時間表並認真執行即可。

步驟3

「嘗試」銷售

銷售可以彙整成以下兩點。

使命　拜託人使用

手段　逆向思考（小創意）

A　既有業務的流程

方針　將「拜託人使用」「視覺化」

B　開發業務的流程
方針　重視成交件數

C　行銷的流程
方針　每季開發並培養XXX個可能購買的潛在客戶

透過「逆向思考」建立的既有業務、開發業務、行銷這三個流程，每一項流程都需要各自的工作方針。由此提出一個假設：按照這些方針工作，工作量會減少，成果將會提高。

不過，這些只是未經驗證的小創意，因此有必要「嘗試」這個假設。

我曾親自驗證這三個流程，我想在第四章總結其中的注意事項，尤其需要注意的是開發業務。

如果開發業務100%依賴行銷提供的「可能購買的潛在客戶」，就會將無法贏得新客人信任的責任歸咎於行銷部門。

為了避免這種情況，開發業務應該主動確定要攻擊的目標公司，並將其列為銷售目標的一部分。與其看案子的數量，更應該以該地區或業界中最有影響力的公司為目標，只有身處其中，才會自己思考並執行從行銷到開發業務的一切工作。

從電話銷售到參加該客戶可能會參加的聚會等關係銷售，或是委託現有的客戶幫忙介紹，知道部門和姓名的話，寫信也是個不錯的選擇。

也可以和行銷部門合作，為該公司舉辦特別活動。

總之要用盡所有手段接近目標公司。尤其是透過開發業務與行銷部門的合作，可望取得以往望塵莫及的成果。由於這種方式是必須跨多個部門的長期銷售，最好將此與同一部門同一個負責人商談的交易分開管理。

如果開發業務能夠取得戰略性目標客戶，將會對市場產生很大的影響。不僅會對常規的行銷活動產生正面影響，還可能提高其他開發業務的成交率。

Coffee Break

逆向思考的大野耐一

一般工廠的生產及貨物進出倉庫的情況如下：

假設目標是每天產一千件商品。規定是當天到貨的商品得在當天入庫，沒有一千件要加班，沒有及時入庫就必須假日出勤。

為什麼會設定這樣的目標？

預計每年這時候大概的銷售量，以此決定製造和儲備的數量，並將其列入目標。

然而，準確預測需求並非易事。實際上只賣五百件商品，結果卻生產了一千件，那剩下的五百件就會成為無法產生利益的庫存。另外，很難對顏色、功能和規格的差異等複雜產品的細部品項進行適當的需求預測，因為每個品項編號都會出現缺貨的情況。

「退一步思考」工廠的生產和貨物進出倉庫，不是以預測銷售量為基礎的計畫為目標，而是應該抱持著賣多少製造多少的想法。不過，如果銷售量超過預期，客戶想要購買時架上卻沒有商品，那就會錯過銷售的機會。

若是如此，只要將必要的數量放在中央。但是，無論是誰都必須能夠一眼就掌握放了什麼，以及哪些庫存正在減少。如此才能避免缺貨，確保不會錯過銷售時機。

以便利商店為例，從架上拿走一罐咖啡後，貨架後面的庫存就會滑到前面。從貨架後面可以清楚看到不足（＝售出）的數量，店員會從貨架後面補充已售出的數量，讓貨架上一直維持著十罐咖啡。

之後，便利商店的所有店鋪會按照賣出的數量下單。罐裝咖啡製造商只需按訂購數量出貨即可，如此便沒有庫存過多的風險。而且為了避免錯失銷售的好機會，會留下適當數量的庫存。

通常都是針對需求，預測會賣出的數量，以此為基礎制定目標。但是這個便利商店的例子基於留下適當庫存的想法，只補足售出的數量。

接下來試著從一位負責製造商品、進出倉庫的作業員的立場來思考。為了讓自己工作更有效率，試著思考作業動線，例如忍著不上廁所，以節省時間或是戒菸。就像上班族將電子郵件分類為代辦事項、用五句話寫出重點、寫備忘錄一樣，多少會提高效率，但效果不彰。

那對一名作業員來說，他在哪一家公司工作會更幸福呢？是預測需求的公司，還是像便利商店一樣，只進貨賣出數量的公司？

根據公司的方針也有難以「減少工作」的時候

對於以預測需求為前提經營的公司，即便向主管呈報改革方案，表示像便利商店一樣「逆向思考」，就有可能使效率大幅提高，但如果主管依然無法理解，那就有可能面臨永遠的平日加班和假日出勤的風險。若是年紀還小，還可以靠體力過活，但如果是四、五十歲的人，當然無法勉強。

據悉，公司將使用最先進的AI來預測需求並進行人力部屬，改善勞動環境。然而，不知道為什麼工作依然沒有減少，依然要平日加班和假日出勤。

那這位員工在遇到我在第三章介紹的朋友沒有注意到的「良機」（幸運女神）時，是否能夠抓住呢？

有時候會是在身體因為事故或疾病出問題後才發現，但已經為時已晚。

曾經有這樣一個例子：懷疑一直以來的工作常識，覺得預測銷售量真的準確嗎？採用以此懷疑為基礎制定的生產計劃是不是就能避免多餘的庫存？從而戲劇性地使工作效率提高。

這就是日本在全世界引以為傲的豐田生產系統（TPS）的本質，也就是所謂的拉動式系統（從後工序逆向思考）。

順帶一提，就像是創造出TPS的大野耐一所說的「我喜歡將事情反過來思考」，藉由逆向思考、退一步思考，就能夠確定減少工作的對象，也就是業務的使命和本質。因此，無論是生產還是銷售，都可以用相同的方法來減少工作。

第 5 章

減少工作後的多餘時間用來「擴展人生」

無論在什麼樣的環境都能頑強存活的唯一生存策略

第一章到第四章，我們從「減少工作」的角度進行了探討。本章將針對減少工作後創造出的時間該如何使用進行思考。

有些人會想說用在副業等，但把多餘的時間拿來「擴展人生」，過上豐富的人生應該會更理想。

關於「擴展人生」的必要性，有些人年輕的時候就已經領悟到，有些人則是老了才意識到。

即便是有著在一家著名企業歷經動當全球業務數十年的人，也極難在退休後被自己曾幻想無數次能夠發揮長才的地方接受。正如本書所指出的那樣，只適用於特定公司的知識和技巧無法用於一般公司。

即便是菁英，上年紀後再就業依然極為困難

應徵工作卻沒有收到任何回應時，才第一次意識到這點並奮發向上，報名研究所進修，或是考取證照。這樣的例子，在人生一百年時代的特別報導中經常可以看見。

與其在退休後才察覺，在退休前領悟到這一點，「擴展人生」的選擇遠遠超過前者。因此在本章中，將比較、介紹退休後才意識到的「人生三分法」陷阱，與退休前注意到點，並採取行動的「人生二十四小時法」。

用「人生三分法」來思考

一般公司職員的人生由以下三個部分構成。

I **人生成長期（學習時期）**

年齡是到二十五歲左右，非社會人士的就學期間

II **人生收穫期（勞動時期）**

年齡介於二十五歲到六十五歲，作為成年人出社會工作，支撐家人和社會的期間

III **人生成熟期（退休時期）**

年齡為六十五歲以上，從公司退休並且無須養育子女，過著悠閒自在人生的時期

退休年齡因國家和性別而異，中國、韓國為六十歲，美國則因《就業年齡歧視法》沒有所謂的退休年齡。無論是在哪種情況下，領取退休金的年齡與就業是互有關聯。日本也有七十歲退休的企業，本書則是將退休年齡訂為六十五歲。

從人生一百年時代來看，不可能繼續沿用至今所謂的「人生三分法」。

因為從退休到去世的時間太過漫長。

即便懷著退休後要為了興趣而活的夢想，也很有可能會過著苦於寂寞和空虛的日子。

退休後過著悠然自得的理想餘生，是無法做自己想做的事，只能做必須做的事情，

被時間追趕的一種反應，但事實證明這只會是個痛苦的經歷。

畢竟人類是群居動物。

無論大小事，我們隨都可以參與到社會中，哪怕只有一個人因此而感到高興，就能從中找到愉快的時間和活著的意義。為此承擔的負擔和付出的努力，就像是小創意的「嘗試」，不外乎是創造出終有一天會獲得的幸福來源。

「人生三分法」的缺點是難以將人生成熟期成為快樂的時期。到了退休年齡後，才慢慢地努力做想做的事，也很難達到預期的成果。因為身體有使用的年限，會愈來愈不靈活，想做什麼事情的動力也會減弱。

以下來探討退休後想在別家公司工作的情況。就算在著名企業獲得優異的成績，也不要期望在退休後，只要應徵五、六家公司，就能獲得面試機會。

為了讓各位明確了解這件事，以下將要分享我五十八歲第一次成為公司職員的經驗。

不是你選工作
而是工作選你

首先，我不是採取選擇應徵正在招募員工的公司這個方法。因為滿五十歲後，就很有可能因為年齡的關係被拒之門外。相信各位都知道，採用這個普遍頭腦僵化，身體不靈活的世代是有風險的。打從一開始他們就難以控制，能力與其說上升，下降的人更多。也就是說，五十歲以後的態度應是該要讓雇主選擇自己，而不是自己選擇雇主。

更何況，現實的情況是，很少有案例能夠完全符合招募職缺敘述上的條件。對人事來說，換工作無非是將人與時代所需的條件進行配對。

如果招募的公司因商務上的理由急需人才，那不論年齡大小，都有可能會回應應徵需求。相反地，如果招募的公司過於執著於招募條件，應徵者就會減少。遇到這種情況，招募的公司總有一天會妥協，並降低門檻。

只要等待這個機會即可。

就我這個例子來說，我決定「嘗試」在招募網站（LinkedIn），不分行業、規模，隨機投了一百家公司。因為我判斷是否要回應應徵者在於招募公司的時機。

最近的招募網站都設計成方便應徵的介面，所以能夠在短時間內輕鬆整理要應徵的公司並進行應徵。這次的應徵，得到一家印度外商ＩＴ企業回覆。我參加了面試，但遺憾的是在二次面試時遭到淘汰。藉由這個機會，我獲得了一個知識：只要有海外商務的成功經驗，五十八歲高齡也能獲得１％的面試機會。

半年後我應徵了九十六家公司，有兩家公司回覆。一家是全球製藥公司ＩＴ部門，另一家是全球風險管理外商公司。因為我已經從是ＩＴ工作超過三十年，已經沒有新鮮感，所以選擇了全球風險管理公司。第二次應徵的回覆率約２％。

轉職中明顯存在的年齡篩選器

應徵時縮小目標，回覆率會提高。不過，這個應徵方法只適用於二十、三十和四十多歲的人。五十歲以上的人投履歷，回覆率會大幅下降。因為有很多人抗拒年齡比自己還要大，難以應對的下屬。

我身邊五十多歲在找工作的人有曾經從事業務、技術人員等各式各樣的行業，但是隨著年齡的增長，換工作也愈來愈困難。按照一般的精神構造，應徵一百家公司，卻沒有獲得任何回應，應該會沮喪地覺得這個世界不需要自己。

遇到這種情況時，最好以依賴年齡的準確率來思考，而不是把自己當作問題。按年齡來說，應徵企業的回覆率，只會愈年輕愈高，例如五十歲出頭為5％、四十幾歲是10％、三十幾歲是20％。

像我每隔半年應徵九家公司一樣，一年或是半年一次，定期應徵數十家公司比較好。因為出現一定程度的經濟環境變化，人才一定會出現更新交替。

各位對於我分享的應徵經驗作何感想呢？是我的經歷不夠好？還是說五十八歲高齡，投一百家公司，回覆率也只有1％到2％？我知道這聽起來很殘酷，但這就是現實。如果超過五十六歲的退休年齡，那應徵回覆率又是多少呢？

我之所以特別把這個經歷寫出來，是希望二十、三十、四十幾歲的人能夠想像並感受不久的將來會面臨的現實。只要活著，任何人都會活到五、六十，甚至七十幾歲。對於二、三十歲的人來說可能會覺得還很遙遠，但從經歷年輕時候的我來說，感覺時間瞬間就流逝了。

四十幾歲的人最好抱持著眨眼間就進入五十多歲的心情。當然，也有到了退休年齡，因為人脈的關係，到客戶的公司就業的幸運人。若不是這種情況，換工作的成功率只會隨著年齡的增長而下降。

在第三章中以猶太人的手掌思考法為例，介紹了擁有可給予他人的可攜式技能的重要性。

假設你為了增加收入而開啟副業，並迎來退休年齡。之後遲遲找不到工作，也沒有人脈，無法再就業。在這種情況下，如果你沒有任何可以給予他人的東西，該怎麼辦才好？如果身體健康，就還有利用肉體給予勞動時間這一手段。這也不失為一個好辦法，因為既可以進行適度的運動，同時也對健康有益。

本書以「減少工作」為主題的最大原因是，我真心希望各位能夠把自由的時間花在獲得可以給予他人的可攜式技能上。

擴展人生的「人生二十四小時法」

與人生三分法不同，還有人生二十四小時法這個思考方式。這跟目前強調的「減少工作」沒有關係，是為了「擴展生活」。

即使做不到「減少工作」，應該每個人都可以在一天中抽出個十幾二十分鐘。如果持續十幾二十年使用這一小段時間，就能夠「擴展人生」。

這個方法不是我想的。

是過了花甲才開始學芭蕾的絲川英夫（以下稱為絲川先生）想出來的。絲川先生從六十二歲開始學習古典芭蕾，並於一九七五年十月二十二日在東京帝國劇場舉行的貝谷巴雷團定期演出的《羅密歐與朱麗葉》中，飾演蒙塔古伯爵一角。

通常都是五、六歲的女孩就讀芭蕾學校，很少有男孩，更何況是超過六十歲的男人，根本前所未聞。儘管如此，絲川先生還是就讀了貝谷八百子的芭蕾學校。

芭蕾教室裡有高低槓。絲川先生的下肢柔軟度低，所以他從將腳抬到低槓開始，最後的目標是抬到高槓滑動，將雙腳張開到一百八十度。

六十二歲的絲川先生想到了一個方法：將衣櫥最下面的抽屜打開，把看完的報紙堆放在那格抽屜裡。他將腳放在報紙堆上，用每天閱讀一日份報紙的時間抬腳，以此慢慢地使關節變得柔軟。就這樣過了一年三個月左右，報紙堆到相當於耳朵的位置，他的腳也完全可以抬到這個高度。

就像每天堆疊的報紙一樣，透過每天小小的累積，任何人都有機會掌握新領域的知識和技能，這就是「人生二十四小時法」。該方法需要經過以下四個步驟。

步驟1

比起自己的能力，更應該考慮誰要求什麼

據說有一家大型製造商的新入職員交出的研修報告書，內容盡是些從自己的專業角度來思考的想法。甚至是大學畢業十年以上的職員也有這種傾向。

像這樣依賴自己擅長的領域生活，就會在行動和思考上形成無形的框架。相反地，對於不擅長的領域，抱持著可以接受的態度，那即便自己沒有的能力，也會努力做到跟他人一樣好，有助於培養耐力和耐性。

「人生二十四小時法」的第一步是，不拘泥於自己擁有的能力，而是思考他人要求自己什麼。

步驟2

設計出將抵達目標的最短距離分切成一定比例往前進的方法

從做得到的部分開始，每天累積報紙。在學新的專業領域時，最重要的是，就像是從國中生使用的教科書開始一樣，輕鬆地踏出第一步。

將不可能變成可能的方法就在於樓梯的設計方式。把應該做的事情分解成幾個階段，從可以做到的地方開始往上爬。「人生二十四小時法」的步驟二是設計出分切成一定比例往前進的方法。

步驟3
邀請他人參與

學習知識也好、做什麼事也好，只是踏出第一步當然簡單。真正困難的是持之以恆。

生病、工作突然變得很忙等，有很多無法持之以恆的原因。防止這種情況發生得有效方法是創造一個無法退縮，只能往前進的環境。

例如邀請朋友和熟人，建立一個發表的場合（學習會、發表會等），並定期在此展示成果等，透過他人的參與，使發表的場合系統化。

步驟4 準備一位拍手贊助人

在最後的第四步驟，就是要準備打從心底為你加油、激勵你、支持你，並給予掌聲的贊助人，哪怕只有一個人也沒關係。換句話說，當爬樓梯爬到一個程度時，如果有人願意稱讚你，就能夠繼續下去。

絲穿透過實踐步驟一到步驟四的方法學會芭蕾舞。他沒有告訴組織工學研究所（絲川先生的研究所）的人，也沒有告訴家人，默默地自己去上芭蕾學校。據說，他每天都在自己的研究室清洗芭蕾舞衣，晾在他人看不到的地方。

美國行為學家伯爾赫斯・弗雷德里克・史金納曾說過「天才是指那些將爬樓梯的地方藏起來的人」。相反地，如果一個人展現出一步一步爬上樓梯的樣子，就會稱讚為勤奮努力的人。

絲川先生表示，能力不是從父母和學校那裡獲得的，而是自己培養的。

爬一層階梯與否，人生的風景會完全不同

無論要不要上樓梯，或是站在樓梯下面都可以。不過只要每天慢慢地往上爬，一百年後自己所站的舞台會完全不一樣。

每天十分鐘或是二十分鐘都可以，爬上一定數量的樓梯，並持之以恆，就能夠「擴展人生」。

圖13 「人生三分法」與「人生二十四小時法」

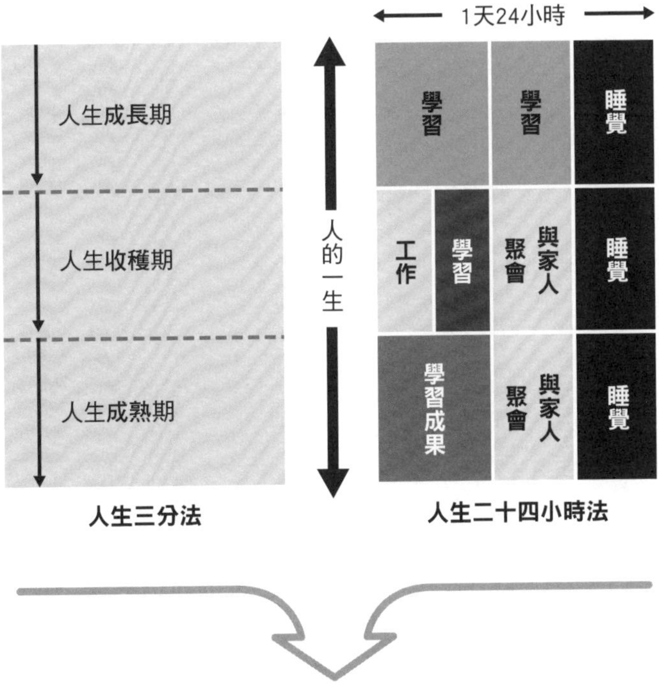

- 在人生三分法中，人生收穫期沒有多餘的時間
- 利用人生二十四小時法學習，投資未來的自己

以下也介紹一下我實踐「人生二十四小時法」的過程。我二十幾歲的時候在學習「Creative Organized Technology」（創造性組織工學）的研討會上認識絲川先生，此後，直到該研討會不再舉辦為止，我持續學習了十年。我二十三歲時創立了一家IT公司，在那之後我的本業是經營新創公司，同時也會參加每月舉辦一次的研討會。

如果用「人生二十四小時」來表示，我每個月只花半天的時間學習Creative Organized Technology。不過，在我之後的人生中Creative Organized Technology這個可攜式技能一直都非常有用。

無論是在與以色列的貿易往來、數位行銷的工作，甚至是全球風險管理的工作，在所有工作上都能發揮出超乎想像的作用。這個可攜式技能，可以輕鬆改變業務的程度，簡直可以稱為是「人生轉化」（Life Transformation）。

也可以把時間用在副業以增加主要收入。但更好的使用方法是，把「減少工作」後多出來的時間拿來投資未來的自己。

這個投資的回報，有時可能需要花到三十年以上的時間。

但我不介意花上十年、二十年、三十年的時間。因為富有創意的生活過程才是真正的人生。

人如果置身於繁忙之中，就會錯失「良機」。而且這並不是唯一的缺點，同時還沒辦法習得放在手掌上拿著走的可攜式技能。請各位試想一下沒有可攜式技能的人生。

本章提出的是擴展人生的「人生二十四小時法」，而不是「減少工作」的方法。因為透過「減少工作」，只要可以抽出一小段時間，就能夠獲得可以給予他人的可攜式技能。

「流體智力」和「結晶智力」

在心理學中，有一種思考方式將智力分為兩種，分別是「流體智力」和「結晶智力」。

流體智力是指邏輯思考、計算、掌握關係、抽象化等，解決第一次看到的問題、利用靈感和創造新事物的智力。這種能力是指一個人與生俱來的智力，例如快速思考、頭腦靈活等，在十八到二十五歲左右達到顛峰後開始下降。

「結晶智力」是指從個人的知識、經驗、學習等獲得的能力。該能力包括言語能力、判斷力、理解力、解決問題的能力、洞察力、創造力等。有知識的人在解決問題或創造時會表現得更好，就是因為擁有結晶智力。

結晶智力會逐漸上升直到六十歲左右，並在七、八十歲時慢慢下降，但據說其程度會維持在接近二十歲左右時的能力。這代表即便已到高齡的年紀，依然有十足的可能性學習某些事物。

以我為例，我從二十幾歲開始持續十年習得流體智力及Creative Organized Technology。結晶智力是每十年換一次工作的知識成為經驗，透過以色列的生意、行銷、全球業務、每天閱讀等方面累積下來的。

這裡有三個重點。

第一個是，不僅要盡可能在早期階段花時間在學習什麼上，也要掌握如何學習。

第二個是，即便已經有生成ＡＩ，也要將累積知識和經驗養成一輩子的習慣。

最後一個是，要與不同年齡、不同性別、不同學校、不同職業、不同興趣、不同國籍等各種各樣的人交流，因為多樣性是促進學習的動力。

後記

「退一步思考」、「組合」、「嘗試」，如果能夠利用這三個步驟，實踐成功者和聰明人的思考方式，就能夠找到其他人想不到的減少工作法。而且在知識和經驗商品化的AI時代，將會獲得「創造力」這一強大的武器。

也許只要熟練使用「退一步思考」，就能夠成為商務人士裡的佼佼者。

除了本書介紹的知識「組合」，人的組合也是創造力的泉源。在Creative Organized Technology中，將不是以個人的身分，而是在組織裡產生創造力的方法稱為「配對系統」。

配對系統是指兩個人一起工作，組成配對的條件是雙方的專業不同或是兩個人很合得來。專業不同又合得來是最棒的組合。與年齡無關，這個配對系統有兩個深遠的意義。

第一個意義是相異性會產生創造力。

例如，有兩個人在傳接球，負責投球的人投歪了，接球的人也會利用伸展、收縮身體來接球。身體因此可以活動到平時不會用到的範圍，肌肉的可動範圍也會擴大。將可動範圍的擴大應用在大腦，就是所謂的「配對系統」。

在基於過往經驗的常識範圍內思考，經常會陷入瓶頸。但利用配對系統進行思考方面的傳接球時，如果彼此的相異性很高，思考的領域就會擴大，創造力誕生的可能性也會提高。

第二個意義是工作的連續性。一般來說，日本人往往都傾向於物以類聚。在社群網站上也是，經常看到對同樣話題有同樣意見的人聚在一起，形成一股陷入同儕壓力漩渦的集團。在日本的跨國企業也是，不了解日本人村社會那種不成文常識的外國人，會有種遭到冷落的感覺。

在這種情況下，具有不同背景的外國人和日本人組成的配對系統，不僅可以從相異性中誕生出創造力，還可以發揮出保持工作連續性的效果。

只要定期進行溝通，即便搭檔離開工作一週甚至一個月，另一個人也可以接手搭檔的工作。此外，也會增加彼此對不同文化的了解，在組織中產生多樣性。

本書是Sunmark出版社第二編輯部的主編小元慎吾與我組成配對系統後的產物，衷心感謝他把我帶到一個我一個人根本無法到達的地平線上。與此同時，我想要看到全球內容產業這個夢想也實現了。

最後，就像我透過減少工作實現夢想一樣，請各位有效利用自己藉由減少工作獲得的時間。

参考文献

長谷川英祐『働かないアリに意義がある』（ヤマケイ文庫、2021年）
高岡浩三『高岡浩三イノベーション道場』（NewsPick、NewSchool）
成毛眞『39歳からのシン教養』（PHP研究所、2022年）
ジェームス・W・ヤング『アイデアのつくり方』（CCCメディアハウス、1988年）
稲垣栄洋『弱者の戦略』（新潮社、2014年）
的川泰宣『逆転の翼』（新日本出版社、2005年）
林紀幸他『昭和のロケット屋さん』（エクスナレッジ、2007年）
エリック・リース『リーンスタートアップ』（日経BP、2012年）
石田章洋『企画は、ひと言。』（日経ビジネス人文庫、2020年）
浅田すぐる『トヨタで学んだ「紙1枚！」にまとめる技術』（サンマーク出版、2015年）
聖書協会共同訳『聖書』引照・注付き（日本聖書協会、2018年）
小林英幸『原価企画とトヨタのエンジニアたち』（中央経済社、2017年）
北川尚人『トヨタ チーフエンジニアの仕事』（講談社＋α文庫、2020年）
藤井薫『人事ガチャの秘密』（中公新書ラクレ、2023年）
糸川英夫『「独創力」で日本を救え！』（PHP研究所、1990年）
ピーター・シュワルツ『シナリオ・プランニングの技法』（東洋経済新報社、2000年）
糸川英夫『逆転の発想』（ダイヤモンド・タイム社、1974年）
鈴村尚久『トヨタ生産方式の逆襲』（文春新書、2015年）
内田樹『寝ながら学べる構造主義』（文春新書、2002年）
大野耐一『トヨタ生産方式』（ダイヤモンド社、1978年）
糸川英夫『糸川英夫の「人生に消しゴムはいらない」』（中経出版、1995年）
糸川英夫『独創力』（光文社文庫、1984年）
カーヤ・ノーデンゲン『「人間とは何か」はすべて脳が教えてくれる』（誠文堂新光社、2020年）
糸川英夫『糸川英夫の創造性組織工学講座』（プレジデント社、1993年）

[作者簡介]

田中豬夫

1959年出生於日本岐阜縣。在已故糸川英夫博士主辦的「組織工學研究會」關閉前，擔任祕書長達十年。專門研究Creative Organized Technology。
他在20幾歲的時候從大學退學，創立了一家IT公司，與當時市占率最高的資料庫管理系統相關；30幾歲時他致力於將創新的寶庫以色列技術打入日本市場，最後促使日本的VC首次投資以色列；40幾歲時他擔任當時世界頂尖的數位行銷工具供應商的國家經理長達10年；接著在50幾歲時，他轉戰全球商務風險管理產業。
幾乎每一年，他都會接下領域完全不同的工作來擴展Creative Organized Technology在商務界的實踐領域。

SHIGOTO WO HERASU
Copyright © TANAKA Inoo, 2023
All rights reserved.
Originally published in Japan by Sunmark Publishing, Inc.
Chinese (in traditional character only) translation rights arranged with
Sunmark Publishing, Inc. through CREEK & RIVER Co., Ltd.

今天就要準時下班！
運用聰明思考法改善瞎忙工作模式

出　　版／楓書坊文化出版社
地　　址／新北市板橋區信義路163巷3號10樓
郵政劃撥／19907596 楓書坊文化出版社
網　　址／www.maplebook.com.tw
電　　話／02-2957-6096
傳　　真／02-2957-6435
作　　者／田中豬夫
翻　　譯／劉姍珊
責任編輯／陳亭安
內文排版／洪浩剛
港澳經銷／泛華發行代理有限公司
定　　價／380元
出版日期／2024年12月

國家圖書館出版品預行編目資料

今天就要準時下班！運用聰明思考法改善瞎忙
工作模式／田中豬夫作；劉姍珊譯. -- 初版. --
新北市：楓書坊文化出版社, 2024.12　面；公分
ISBN 978-626-7548-25-7（平裝）
1. 職場成功法 2. 工作效率
494.35　　113016495